DECONSTRUCTION AND
SHAPING OF DESIGN
PRODUCT DESIGN ANALYSIS AND
THINKING TRAINING

工业设计（产品设计）专业热点探索系列教材

设计的解构与塑造

产品设计分析与
思维训练

庞 月 主编

王亦敏 副主编

中国建筑工业出版社

图书在版编目（CIP）数据

设计的解构与塑造：产品设计分析与思维训练 =
DECONSTRUCTION AND SHAPING OF DESIGN：PRODUCT
DESIGN ANALYSIS AND THINKING TRAINING / 庞月主编；
王亦敏副主编. — 北京：中国建筑工业出版社，2023.2
工业设计（产品设计）专业热点探索系列教材
ISBN 978-7-112-28367-5

Ⅰ.①设… Ⅱ.①庞… ②王… Ⅲ.①产品设计—教
材 Ⅳ.①TB472

中国国家版本馆CIP数据核字（2023）第031589号

本书从设计思维展开与分析的角度出发，探讨了产品方案设计的思维创意模式和可行实用的设计方法，介绍了设计项目实施过程中从选题调研到细节调整的方法与程序，阐述一件产品从灵感理念成为真正产品之前的流程。本书可作为设计专业学生的相关教材，也可以作为对设计与创意感兴趣的读者的兴趣类专业读物。

责任编辑：吴 绫 唐 旭
文字编辑：吴人杰
版式设计：锋尚设计
责任校对：孙 莹

工业设计（产品设计）专业热点探索系列教材
设计的解构与塑造　产品设计分析与思维训练
DECONSTRUCTION AND SHAPING OF DESIGN: PRODUCT DESIGN ANALYSIS AND THINKING TRAINING
庞 月 主 编
王亦敏 副主编

*

中国建筑工业出版社出版、发行（北京海淀三里河路9号）
各地新华书店、建筑书店经销
北京锋尚制版有限公司制版
北京中科印刷有限公司印刷

*

开本：880毫米×1230毫米 1/16 印张：10¼ 字数：282千字
2023年4月第一版 2023年4月第一次印刷
定价：**49.00**元
ISBN 978-7-112-28367-5
（39815）

工业设计（产品设计）专业热点探索系列教材

编 委 会

主　　编：钟 蕾

副 主 编：王亦敏　吴俊杰（中国台湾）　兰玉琪

编　　委：吴雪松　李 杨　王 龙　张 超　庞 月　孙文涛　魏雅莉
　　　　　刘 卓　张云帆　张 莹　王逸钢　萧百兴（中国台湾）
　　　　　林正雄（中国台湾）　叶晋利（中国台湾）　罗京艳　朱荔丽
　　　　　张 妍　张 婕　李 琳　张悦群　周 鹏　蒋宇烨　梁 辰
　　　　　张 帆　刘元寅　姜虹伶　李 芮　郭继朋　华佳昕　姚怡扬
　　　　　杨妙晗　邵 蕾　黄俊乔　孙永林　姚佳雯　陈思月　赵禹舜
　　　　　张文娟　赵曦雯　黄文珺　张常子榕

参编单位：天津理工大学
　　　　　台湾华梵大学
　　　　　湖南大学
　　　　　长沙理工大学
　　　　　天津美术学院

◇ 总 序

　　为适应《普通高等学校本科专业目录（2020年）》中对第8个学科门类工学下设的机械类工业设计（080205）以及第13个学科门类艺术学下设的设计学类产品设计（130504）在跨学科、跨领域方面复合型人才的培养需求，亦是应中国建筑工业出版社对相关专业领域教育教学新思想的创建之路要求，由本人携手包括天津理工大学、台湾华梵大学、湖南大学、长沙理工大学、天津美术学院5所高校在工业设计、产品设计专业领域有丰富教学实践经验的教师共同组成这套系列教材的编委会。编撰者将多年教学及科研成果精华融会贯通于新时代、新技术、新理念感召下的新设计理论体系建设中，并集合海峡两岸的设计文化思想和教育教学理念，将碰撞的火花作为此次系列教材编撰的"引线"，力求完成一套内容精良，兼具理论前沿性与实践应用性的设计专业优秀教材。

　　本教材内容包括"关怀设计；创意思考与构想；新态势设计创意方法与实现；意义导向的产品设计；交互设计与产品设计开发；智能家居产品设计；设计的解构与塑造；体验设计与产品设计；生活用品的无意识设计；产品可持续设计。"其关注国内外设计前沿理论，选题从基础实践性到设计实战性，再到前沿发展性，便于受众群体系统地学习和掌握专业相关知识。本教材适用于我国综合性大学设计专业院校中的工业设计、产品设计专业的本科生及研究生作为教材或教学参考书，也可作为从事设计工作专业人员的辅助参考资料。

　　因地区分布的广泛及由多名综合类、专业类高校的教师联合撰稿，故本教材具有教育选题广泛，内容阐述视角多元化的特色优势。避免了单一地区、单一院校构建的编委会偶存的研究范畴而存在的片面局限的问题。集思广益又兼容并蓄，共构"系列"优势：

　　海峡两岸研究成果的融合，注重"国学思想"与"教育本真"的有效结合，突出创新。

　　本教材由台湾华梵大学、湖南大学、天津理工大学等高校多位教授和专业教师共同编写，兼容了海峡两岸的设计文化思想和教育教学理念。作为一套精专于"方法的系统性"与"思维的逻辑性""视野的前瞻性"的工业设计、产品设计专业丛书，本教材将台湾华梵大学设计教育理念的"觉之教育"融入大陆地区教育体系中，将对思维、方法的引导训练与设计艺术本质上对"美与善"的追求融会和贯通。使阅读和学习教材的受众人群能够在提升自我设计能力的同时，将改变人们的生活，引导人们追求健康、和谐的生活目标作为其能力积累中同等重要的一部分。使未来的设计者们能更好地发现生活之美，发自内心的热爱"设计、创造"。"觉之教育"为内陆教育的各个前沿性设计课题增添了更多创新方向，是本套教材最具特色部分之一。

教材选题契合学科特色，定位准确，注重实用性与学科发展前瞻性的有效融合。

选题概念从基础实践性的"创意思考与构想草图方法""产品设计的解构与塑造方法"到基础理论性的"产品可持续设计""体验时代的产品设计开发"，到命题实战性的"生活用品设计""智能家居设计"，再到前沿发展性的"制造到创造的设计""交互设计与用户体验"，等等。教材整体把握现代工业设计、产品设计专业的核心方向，针对主干课程及前沿趋势做出准确的定位，突出针对性和实用性并兼具学科特色。同时，本教材在紧扣"强专业性"的基础上，摆脱传统工业设计、产品设计的桎梏，走向跨领域、跨学科的教学实践。将"设计"学习本身的时代前沿性与跨学科融合性的优势体现出来。多角度、多思路的培养教育，传统文化概念与科技设计前沿相辅相成，塑造美的意识，也强调未来科技发展之路。

编撰思路强调旧题新思，系统融合的基础上突出特质，提升优势，注重思维的训练。

在把握核心大方向的基础上，每个课题都渗透主笔人在此专业领域内的前沿思维以及近期的教育研究成果，做到普适课题全新思路，作为热点探索的系列教材把重点侧重于对读者思维的引导与训练上，培养兼具人文素质与美学思考、高科技专业知识与社会责任感并重，并能够自我洞悉设计潮流趋势的新一代设计人才，为社会塑造能够丰富并深入人们生活的优秀产品。

以丰富实题实例带入理论解析，可读性、实用性、指导性优势明显，对研读者的自学过程具有启发性。

教材集合了各位撰稿人在设计大学科门类下，服务于工业设计及产品设计教育的代表性实题实例，凝聚了撰稿团队长期的教学成果和教学心得。不同的实题实例站位各自理论视角，从问题的产生、解决方式推演、论证、效果评估到最终确定解决方案，在系统的理论分析方面给予足够支撑，使教材的可读性、易读性大幅提高，也使其切实提升读者群体在特定方面"设计能力"的增强。本教材以培养创新思维、建立系统的设计方法体系为目标，通过多个跨学科、跨地域的设计选题，重点讲授创造方法，营造创造情境，引导读者群体进入创造角色，激发创造激情，增长创造能力，使读者群体可以循序渐进地理解、掌握设计原理和技能，在设计实践中融合相关学科知识，学会"设计"、懂得"设计"，成为社会需要的应用型设计人才。

本教材的内容是由编委会集体推敲而定，按照编写者各自特长分别撰写或合写而成。以编委委员们心血铸成之作的系列教材立足创新，极尽各位所能力求做到"前瞻、引导"，探索性思考中难免会有不足之处。我作为本套教材的组织人之一，对参加编写工作的各位老师的辛勤努力以及中国建筑工业出版社的鼎力支持表示真诚的感谢。为工业设计、产品设计专业的教学及人才培养作出努力是我们义不容辞的责任，系列教材的出版承载编委会员们，同时也是一线教育工作者们对教育工作的执着、热情与期盼，希望其可对莘莘学子求学路成功助力。

钟蕾

2021年1月

在当今中国，工业设计行业方兴未艾，较早开设工业设计专业的高等院校中，其专业发展蓬勃兴旺，一些顺应潮流的院校也在陆续跟进，工业设计领域人才培养体系愈加完善。面对广大企业的人才需求，需要进行设计观念、设计思维、设计管理、设计能力的培养，建立工业设计师职称系统，提升设计师的责任感和归属感。在我国系统引进工业设计理念的30多年中，近十多年的发展步伐已经大大加快，国家"十二五"规划和政府工作报告中都提到了发展工业设计。2010年，多部委联合发布了《关于促进工业设计发展的若干指导意见》，2018年国务院发展研究中心发布的调研报告中特别指出：从战略高度重视工业设计产业发展。工业设计要进入制造产业的结构成本之中，真正培养能够为大中小企业服务的实践人才梯队，也要在学界开展设计领域的基础研究，形成工业设计学派的理论意义与现实意义，需要设计教育体系的完善，推动真正意义的原创设计。

而设计领域专业的创新工作与学习的核心内容即对原创思维、设计理念、设计管理及设计能力的培养和引导，不仅要关心中国问题的设计解决方案，还要关注人类问题的设计解决方案，呈现中国设计的国际化面貌，发出中国设计的声音，提升作为设计师的归属感与责任感。

本书即为这样一本训练设计思维理念的教材，可以作为初学者进入工业设计领域学习的一本抛砖引玉的入门书，也可以作为找不到设计灵感的设计专业学生寻找创意的一本参考书。全书共分为六章，从产品设计开始的选题分析、产品设计初期调研到设计中期的结构设计和产品设计后期的细节分析及三维模型的建立思维，基本完成了整个产品设计工作的梳理和分析，整体编写思路是顺着设计工作的不断进阶，逐渐引入产品设计专业设计思维的基础理论方法与设计能力的实践训练。

本书倾注了多位老师的心血。其中天津财经大学的张帆老师、天津财经大学的刘元寅老师、天津理工大学的郭继鹏老师、天津职业大学的李芮老师、天津天狮学院的姜虹玲老师都参与了大量的教材编撰工作，凝聚了多位专业学者的智慧与辛劳，希望本书能够为工业设计教育增添一抹亮丽色彩。

◇ 目　录

第1章
从产品设计出发

1.1　建立产品设计思维

1.1.1　产品设计是什么

产品设计是一种更新的生活方式，是一门融合学科，它融合了美学、传播学、心理学、材料学、力学、社会学等学科，用一种专业的手段规划现在的生活和未来的生活，引导人们形成一种更美好也更恰当的生活方式，这种生活方式并不是无休止地满足人类的欲求，而是以一种更加可持续的方式恰如其分地处理自己和外界的关系。

劳拉·斯莱克在其著作《什么是产品设计》一书中提到，产品设计是一个意思含糊的概念，它模糊了灯光、家具、图形、时尚以及工业设计这些专门领域间的边界。由于全球交流的拓展，知觉和物质的边界正在不断地销蚀。边界是活跃的区域，在这些区域中，分裂和张力激发出交流、对质与创造。

按照劳拉的说法，设计师的工作并不是专注在某一个领域做着外形和操作方式的整合工作，而是越来越需要去界定过去、现在与未来间的关系，以及在所处的环境中起作用的政治、社会、情感的潜在影响。设计是一种表达方式，而产品则是设计师表达的形式，设计师通过产品传达他们对于人们生活理念的观点。在商业运作中，设计也有另一层理解，越来越多的商品通过设计给企业带来市场价值的回报，设计工作让产品在市场竞争中散发更大的光芒。早在18世纪，德国汽车工业就提出过，但是这与可持续发展的理念往往形成一种冲突，设计师在这个背景下肩负了一种更大的职责。

我们一直在设计，每个人都或多或少进行过设计活动。其实在人类史上并没有发现火，而是人类自己设计了火，祖先发现高速钻木这个行为可以产生火花，于是利用阳光以及打磨形状合适的木头和石块来产生火，这是最原始的设计者的智慧。我们吃饭用的碗、喝水用的杯子都是良好的设计作品，人类一开始用双手形成一个涡形捧起水喝，这就是人类的第一个碗，后来用硕大的叶子舀起水喝，慢慢地人们仿照这个形式继续用泥土捏成更适宜手持、存放及盛适量食物的器皿，之后用火淬炼成陶碗和瓷碗，这些都是人类伟大的设计活动。同样，一把可以猎杀并分割肉类的石斧也不是人类祖先碰运气做到的，而是通过设计得到的。

1.1.2　产品设计为什么

1. 设计为了融合

设计让智慧重建，即让思想和行动成为统一体。在传统文化中，脑力行为经常与体力行为分开，艺术与科学也是分离活动，自从C. P. Snow（查尔斯·斯诺，1959）把人文和科学划分为两种不可调和的文化之后，大量分离的争议出现。这种分离在日常用语中也很常见，比如：想和做、理论与实践、教学与科研等，笔者见到很多公司里有着一些很奇怪的现象，即脑力劳动的员工基本不做实际性的行为工作，而往往将实质付出行动的工作交给做体力劳动的员工，而体力劳动的员工也往往放弃学习脑力工作的内容，如医生和护士这两种天然捆绑的职业就是一个较为典型的例子，在企业里的设计师和真正从事建造的工程师往往也是分开的。但设计工作趋于"桥梁"的角色，它担当一个中间产物，成为科学与艺术的连接点，也成为现在与未来的一种引导物。我们需要越来越多的人才来做"跨界"工作，即让很多的生产过程变成一种更加连续的行为，让整个世界变得更为融合。

建筑设计师卡梅隆·辛克莱尔是"人本建筑"项目发起人，"人本建筑"成了一个联系设计师与有真正需要的社区的通道。他曾在2006年获得TED大奖并创办了"开放建筑网络"，他的TED愿望是：希望能够建立一个社区，能够热切地拥抱创意设计与可持续设计的理念，并且在这样的设计的帮助下，改善所有人的生活。这个网络不仅仅被用来应对特定的突发事件，还为解决长期系统性问题提供了平台。

辛克莱尔建立"开放建筑网络"的现实使命是"改善50亿人的生活水平"，起初的方法是发起设计挑战，在很早之前就开始利用互联网发布设计方案从而使之得以共享并得到从事不同领域、擅长不同类别的设计师共同出计出力进行设计改进，并深入当地，联结起那些真正使用建筑本身的人们，创造一种参与方式来一起解决设计问题。

1999年，辛克莱尔团队到达撒哈拉以南的非洲探索人们的住房需求，却发现当地病毒正在蔓延，于是提出了"移动健康诊所"的概念。辛克莱尔所呼吁的新式医疗社区解决方案是非常灵活的，它不拘泥于诊所的概念，而是建立一个社区中心，人们可以在社区内建立贸易路线和经济引擎。这些移动诊所的案例陆续在尼日利亚和肯尼亚建立起来，帮助了很多当地人民进行医疗救助。随后在2003年伊朗发生地震的时候，他们协助了一家名为"国际救援"（Relief International）的美国NGO募集到了所需的救灾资金，奔赴灾区搭建抗震性能良好的房子。2004年，印度洋发生海啸，"人本建筑"连同Worldchanging.com一道发起募捐活动，为灾区带来急需的设计服务等。

所以早在20年以前，设计就已经试图合理利用全球范围内的建筑师和设计师的集体力量，从而使之聚集、集中并得以放大。在这一轮实验中，辛克莱尔利用互联网将建筑精英们汇聚起来，进行应急房屋和避难所的设计。而在之后，会有越来越多的设计力量联合起来，启动共享智慧，消除了越来越多的边界意识，共建集体设计智慧库（图1-1、图1-2）。

2. 设计为了平衡

这个世界由于资源过于集中造成了很多新增问题，瑞信银行发布的《2016年全球财富报告》中提到，2016年全球处于贫困端的一半成年人口只

拥有全球1%的财富，而全球最富有的10%的人口占据了全球89%的财富，其中前1%的富豪则占据了全球财富的50.8%。可以说缩小贫富差距的目标正在离我们越来越远。作为设计师，我们也许不能减小贫富间的差距，但是我们却能通过自己的设计作品让不富裕的人们也可以使用高品质的产品；也许我们不能将农村城市化，但是我们却能利用创新产品优化新农村的产业方式和生活品质；也许我们不能揠苗助长，加快幼儿成长进程，也不能让时光倒流，减缓老年人的衰老，但我们却能致力开发关怀产品对弱势群体进行保护和陪伴。这些设计工作的背后都是在不断地平衡着这个世界，让生活对待每个生命、每个物件都更加公允。

–举个例子–

对世界上很多地区的人们来说，上厕所会成为一个棘手的问题，比如在印度，由于其信仰的问题对卫生间非常排斥，家里基本上都没有独立的卫生间，大部分印度的厕所只是一个非常简易的露天瓷砖墙，这对于女性来说极其不方便，很多印度妇女只能在半夜或者凌晨，结伴去街边上厕所，而白天只能选择在相对隐蔽的树林中方便。

Nendo设计在几年前设计了一款女性便易背包厕所设计，在野外展开背包就可以将自己的整个身体罩在塑料罩中，提供一个最简单的私人方便空间，解决女性

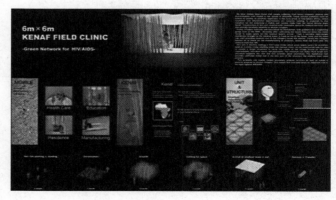

图1-1 某移动诊所方案
（来源：卡梅隆·辛克莱尔TED演讲截图）
（上图是一个洋麻诊所，你得到种子，并在土地上种植，当植物长到一定高度时，在植物上面放置一层遮挡材料，成为屋顶，而当治疗结束后，当地村民可以将这些植物收割食用。这成了一个自给自足的项目。）

图1-2 当地难民们和设计师们一起参与社区建筑规划设计
（来源：卡梅隆·辛克莱尔录制视频截图）

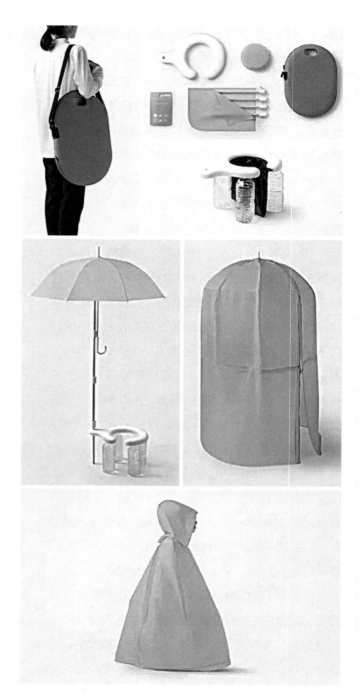

图1-3 女性户外背包设计

在户外上厕所的尴尬问题（图1-3）。

在这个世界上存在的最为公正和平衡的便是生物链，每一个生物都在自然规则中扮演重要的角色，世界权威期刊《生物》最新的理论研究提到，昆虫生物可能会在未来短期内遭遇大量毁灭性消

亡，这一研究结论预示了某种不容小觑的现象，也许它正预示着自然界对于人类大量务实自然运转规则的包容度正在迅即缩小。我们应该尽一切可能维持这岌岌可危的平衡。

从另一个角度出发，设计改变了很多人的生活，随着每一代人逐渐成长，他们会学习到新时代所带来的新型的产品操作行为方式，但也会丢失一些旧有的行为方式甚至是能力，比如通常越年轻人群的烹饪技术就越低。大部分年轻人切菜的频率和准确率下降了，和面的手法生疏了，很少有人自己擀制面条了，春节里很少再有自己制作的各种锦鲤面点和刺猬馒头了，但是我们依然能够吃到可口又好看的面食，因为烹饪的工具产品越来越丰富，机器替代了人们的很多手工工作。面条机、炒菜机、早餐机，就连做华夫饼和热狗都分别有专门的机器进行制作，而且价格低廉，深受大众欢迎。我们看到，产品设计在这个环节中虽然缓解了人们烹饪技术下降这个尴尬的处境，却也助长了人们自理能力退化的势头，这样的问题正存在于我们生活中的各个领域。如何平衡科技爆炸和人们健康积极的生活姿态之间的关系也是我们作为设计师应该思考的问题。

–举个例子–

"YUUE"设计工作室设计了一款相框，表面看它平淡无奇，与普通金属相框并无区别，但是当你把这个相框放置在家里，一段时间后它里面的照片就会渐渐模糊，如果想让照片清晰起来，需用手抚摸照片才可以，这样一来，提升了我们平时早就忽略了的最平常的东西的存在感。设计师很有洞察力地注意到了生活中的一些细节，每个家中都有的相框原本聚集了这个家最珍贵的情感，但是却随着

时间推移成了家里最无用的东西，这款设计通过科技化的手段，巧妙地引导家庭成员再一次与之亲近，抚摸曾经美好的瞬间，让智能化成就情感化（图1-4）。

3. 设计为了持续

很多有极高造诣的设计师都在呼吁设计师们的可持续意识，一名真正意义上的设计师应该有引导大众生活理念和倡导美好生活方向的愿景和责任，我们应该持续地输出这种虽不能立竿见影，但却具有重大意义的设计观与生活观。

"优秀的设计必然是优美的、有意义的、可持续的。"
——Nathan Shedroff

不断恶化的气候促使我们从系统观点出发，寻求更加健康和更具活力的自然资源，以维持人类的生存与生产活动，目前我们必须关注的问题有：

（1）气候变化（气候变暖、全球气候反常）；
（2）栖息地的破坏与崩溃；
（3）表土耗损（阻碍农作物生长）；
（4）栖息地更替；
（5）生物多样性锐减；
（6）臭氧消耗；
（7）淡水资源减少；
（8）空气污染；
（9）有毒物质污染（包括致癌物质、酸雨、工农化学品副产品）；

图1-4 YUUE设计工作室作品 模糊相框

（10）物质过分集中（优质材料数量太多，过分集中或放置不妥）；

（11）资源耗损严重（土壤、水资源）；

（12）生态服务的破坏（Nathan Shedroff《设计反思：可持续设计策略与实践》）。

根据1997年《自然》杂志中写道：来自不同组织的13名专家计算出，生态系统服务的总价值在16万亿到54万亿美元之间。这里的生态系统服务包括：

（1）调节大气化学成分；

（2）调节气候；

（3）水的存取和管理；

（4）控制水土流失与沉积；

（5）土壤管理；

（6）控制养分循环；

（7）废物处理；

（8）控制除人类外的生物系统；

（9）为迁徙物种提供栖息地；

（10）粮食生产；

（11）原材料供应（有机和无机）；

（12）基因资源供应；

（13）休闲用途（体育、旅游等）；

（14）文化用途（美学、艺术、教育、精神等）。

人类在进入20世纪下半叶后几乎消费了之前所有人类世界所消耗的总和。加拿大环保主义者大卫·铃木曾说："这个时代的核心'戏份'是人类拥有了改造躯体、地理以及地球上被大气所包裹着的自然的能力，并且热衷于使用这种能力。"我们正在改造那些花费40亿年构筑起来的一切，并可能在最后400年内变成不可逆的现实。笔者最近听到了一个名词叫做"气候临界值"，也就是在自然环境不断被破坏和影响下会慢慢地产生量变，而在某一个时间点上，某一次破坏行为会成为"压死骆驼的最后一根稻草"，成为产生气候大爆发不可逆转的质变的临界点，只要过了这个临界点，环境气候将会以一发不可收拾的势态毁灭性地报复人类世界，那个时候，世界级的灾难不可避免，人类命运堪忧。作为设计师，应该怀揣先天下之忧而忧的心境来看待未来社会的发展，抱有敬畏之心来设计物品。

–举个例子–

2011年，中国台湾台北101大厦获得了美国LEED白金级认证绿色建筑。国家地理团队曾对101大厦的建造过程进行过纪实报道，整幢大厦在抗震、防风、楼体稳定度上都有杰出表现。大厦的整体结构以竹子为灵感，竹子刚柔并济的特点吸引了建筑设计团队的注意，其一段一段中空的管状结构便是它的秘诀，中空带来了柔韧性，而一层一层的加固分隔又强化了枝干的稳定性，台北101大厦也正是应用了这种结构原理，每隔八层楼就用桁架横向连接立柱，使得大楼的抗震系数达到能够抵抗2500年一遇的地震（图1-5）。

然而作为曾经世界第一高的摩天大楼，101大厦在其建成后不久，英国《卫报》就曾报道，自1997年101大厦施工起，活跃的地壳变化引发的小型地震就在明显地增加，这也与该地进行70万吨重量值的打桩施工有关（《卫报》2005年9月）。

就像是台北101大厦带给我们的启示一样，我们对任何事情除了怀有敬畏之心之外，还要拥有辩证的眼光，就像下面这两个有意思的有关环保的测评：

（1）以下哪种袋子更为环保，是纸袋还是塑料袋？

图1-5　鹤立鸡群的台北101大厦夜景

（2）以下哪个杯子更为环保，是纸杯还是陶瓷杯？

【第一个问题：纸袋VS塑料袋】（图1-6）

对于很多人来说这个问题可能显得很傻，大家会说当然是纸袋更加环保。这是普遍认知，原因为塑料是不可降解的，而纸袋可以。还有一个原因是塑料的生产是需要依赖不可再生资源——石油产品，而纸袋不需要，现在我们在所有商超餐饮等实体店里，都在鼓励人们使用纸袋纸盒，抛弃不利于环境的塑料袋和一次性塑料餐盒，因此答案显而易见。

然而，我们分析事情的方式应该更加深入和多元化一些。让我们从另一个角度分析一下，首先，塑料袋比纸袋要轻得多，在运输塑料袋（从生产厂商到商店再到你购物回家的车上）时所消耗的汽油和柴油就远远少于纸袋，而因此可以减少二氧化碳排放量，那么这时候，这个排放量所消耗的石油量和生产塑料时所使用的石油量应进行对比；其次，与生产塑料袋相比，生产纸袋则会产生多70%以上的空气污染和50倍以上的水污染，原因是生产纸袋所需要的能源是塑料袋的4倍；最后，因塑料袋的坚韧度远远高于纸袋，经过调研，塑料袋的回收利用率是纸袋的85倍。

那么分析到现在，到底哪种袋子更为环保呢，结论很难简单定性，它取决于使用者对待袋子的使用方式和回收再利用的频次。实际上，二者很难分出胜负，如果纸袋发酵正确，且没有被扔进垃圾场，并且最好能多次循环使用，那么纸袋就更好。但事实是，大部分纸袋都无法发酵，且纸袋的损坏率要大于塑料袋，所以短期内，还是塑料袋比较好。这个答案也许让很多人感到惊讶，但这就是我们要探讨的生态设计问题，这些问题非常复杂，元素非常多样，并且相互关联。

但在这个问题上其实有一个更好的答案：那就是不使用袋子，或者持续使用可重复使用的购物袋。"非物质化"告诉我们，用得越少越好，因此不用袋子才是最佳答案。

这强调了进步所依赖的首要原则之一就是：越少越好。"少"这个词语包含着丰富的含义，这个原则并不是说我们应该减少使用原料，而是应该利用尽可能少的原料提供同样的、甚至更好的性能，这才是我们设计师应该有的"可持续设计意识"，是我们所不断强调的"少即是多"的设计准则。

【第二个问题：纸杯VS陶瓷杯】（图1-7）

对于这个问题，我们可能一时很难评判哪种材质更好，尤其是分析了第一个问题之后，我们也会变得谨慎一些。但是通常大部分人的感受是，陶瓷杯可以一直重复利用，而纸杯是一次性的，最多用几回就要扔掉，所以陶瓷杯更好一些。

众所周知，制造陶瓷杯子和玻璃杯子的过程消耗的能源相当多，所以我们可以把这个问题转化一下，看作

图1-6　纸袋及塑料袋

图1-7　纸杯及陶瓷杯

是制作一个陶瓷杯所消耗的能源和不断更换纸杯所消耗的能源哪个更多，当然我们还需要衡量更多因素，比如在陶瓷杯使用之后，清洗它所使用的水和清洁剂等。在1991年，Hocking M.B. 做过的一个严谨试验名为"纸与聚苯乙烯：一个复杂的选择"中得到了以下结论：使用70次陶瓷杯才能与在生产纸杯过程中使用的水源、能源和材料相等。因此，在陶瓷杯使用次数少的情况下，纸杯肯定更加好，而陶瓷杯在使用超过70次之后终于可以打败70次都使用纸杯的污染程度了，而玻璃杯则是使用37次之后变得会比使用纸杯要更好。由此得出的结论是，哪种产品对环境的影响较小，取决于很多因素，而主要是看某产品的使用频率。

生态设计观：你永远不会创造出一个完美的方案。你必须在前进的过程中不断创作出更好的解决方法，每一次更新都使产品越变越好。每个设计方案都要做出某种妥协，考虑结构、财务或是环境现状以及客户、市场或是顾客需求，从而协调这些因素。

设计反思：一些被称为"环保设计方案"的提案中，设计了一些塑料瓶、塑料袋等回收再塑的机器，如可重新打印手机壳、钥匙扣等产品，是否真的能称之为"环保设计"。

1.1.3　好的设计的特质

"好的设计"概念的提出可以追溯到20世纪60年代，由大名鼎鼎的博朗公司成就了引发世界性轰动的"好的设计"运动。博朗设计与乌尔姆学院的合作一方面很好地配合了生产制造的可能性，同时在精简了设计的风格后很快获得了市场的认可。在那个时代提出了功能性决定外观的主导思想，将产品造型与解决问题和引导用户的操作紧密结合，生产设计了众多经典级产品。对于德国设计的发展，没有任何其他企业能像博朗公司那样产生如此决定性的影响，仍未动摇的现代主义传统主导着博朗的经营和设计策略一直到今天，数十年来，博朗公司一直是其他企业对精良产品考量的楷模，不仅仅限于德国。

迪特·拉姆斯作为博朗的首席设计师，是20世纪最具影响力的工业设计师之一。在20世纪70年代末，他便提出了好设计的十项准则，也被称为设计十诫（图1-8）。

1. 好的设计是创新的（Good design is innovative）

创新是好设计的首要要素，每一个优秀的设计师都应该有最起码的原创精神。发现有价值的研究方向和设计风格，有人说创新即是对已有产品的怀疑与否定，如

图1-8　迪特·拉姆斯

同博朗公司在19世纪三四十年代时做出的设计那样，那些硬朗简单的线条，规整舒适的排布方式，都在冲击着那个年代人们的感官。当然，创新并不一定都是一种全盘的否定，在当下，创新也应该是一种汲取和提炼，并附加上自己的洞察和理解，产品的创新是新的感受和体验，也是更加人性化和易用性的表达（图1-9）。

2. 好的设计是实用的（Good design makes a product useful）

实用性是好产品需要被强调的重要属性，之所以这么说，是因为很多制造产品的设计师和公司已经忽略了这一关键属性，而把产品功能制作得过分强大或者款式极其炫目，却阻碍了产品的易用性，比如在加湿器上加入变色的灯光，抑或是在充电宝

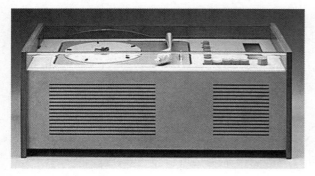

图1-9　SK5收音机1958

上加入手电灯光的功能，你也可能想象到在漆黑的环境下，你从包里掏出了拥有手电功能的充电宝为你点亮一片天的美好情景。看似功能变多了，但其实这是对功能使用的理解偏差，你幻想的那个情节基本很难在现实生活中出现，这个多余的功能除了增加了产品成本外，还给你带来了使用负担（因为也许你会因此多放一个每天携带的东西到包里），一个好产品是需要专注的，对于它所要达到的目的专注，一个加湿器需要考虑的事情是如何把加湿空气这件事情做到极致，而不是在加湿的同时，用户还需要什么别的功能。就像是上文中博朗便携剃须刀一样，把剃须这件事情让用户体验做到极致，洞察了用户围绕剃须这件事情所发生的真实的需求，相应做出优秀的产品，功能偏差往往是一些设计专业的学生经常会出现的问题。

–举个例子–

这是一把博朗公司出品主打便携的剃须刀，它的外观看起来平淡无奇，但细节的处理能够看出设计的精良所在（图1-10）。图中右上是国内知名品牌"M家"两款同样主打旅行便携的剃须刀，销量成绩还算可观。但如果看三款剃须刀的外观设计，可能大家难免会觉得还是"M家"的两款产品更加符合现代简约的审美观，简单明了的几何造型，统一流畅的硬朗线条更容易让消费者动心。但深究这三款设计的细节之处，我们可能会

图1-10　博朗旋转剃须刀和"M家"剃须刀

对"优良设计"以及"简约设计"这两个概念有更新的认识。我们先来看这三款剃须刀的开启方式，"M家"的两款剃须刀都选择了非常普遍的按盖方式，取下盖子，里面即露出刀头，看似很寻常，但是我们细想一下一般用户剃须的场景：

首先，大部分用户都是在洗漱时剃须的，这时候通常手上会沾水而湿滑，如果身临其境就会知道取盖子这件事情会不太方便。其次，用户取下盖子后盖子会随意放置，而剃须完毕后的常见动作是直接放下剃须刀去使用毛巾擦嘴或者擦手，而忘记了要去盖上盖子。"盖上盖子"这个动作因为没有为用户带来实际意义而经常会被忽视，所以很多人用着用着盖子就不知所踪了。通常这样的"无大意义"的动作都是设计师自以为的完美流程，而其实发生在真实场景中会被用户随意更改。最后，便携剃须刀有一个独特的使用场景，就是外出旅行时要经常携带，所以盖子显得比普通剃须刀要重要一些，且放置在包里的话也有可能误触开关等。

博朗选择了旋转开盖的方式，转到下面即可剃须，平时不盖上也没有关系，出门带出时很方便就把盖子旋转上。而这个设计最棒的地方在于盖子盖上的时候其实也是开关的一个锁扣，仔细观察开关位置其实并不是一个正圆形，只有在盖子旋转下来的时候才能推上去打开剃须刀。这是一个防止误触碰的设计，因为此款是便携旅行剃须刀，设计者充分考虑了使用者在使用产品的过程中会出现的真实场景，考虑在使用和携带时可能会出现的问题，然后用设计手段解决这些问题，关于盖子转下来的状态，设计师也充分考虑了手握剃须刀的舒适度以及防滑度问题，因为刚才提到了手湿滑的时候握持太光滑的表面可能会不方便，这些问题都是M家品牌并没有考虑的问题，如果说我们在现代设计美学当中一直提倡的"简约美"要有一些具体的设计建议的话，那么M家品牌提供的造型上看似非常简约干净利落的产品其实只是一种表面的"简约"，

真正能够用简单大方的造型帮助用户解决问题，提升使用时的体验，才是我们真正建议大家所提倡的简约精神。

除了产品的使用功能之外，拉姆斯还提到了产品设计在我们的身份定义、自我认知和对事物的心理认知中所发挥的作用。比如，有人经常通过购买昂贵的汽车来彰显自己的经济实力和身份地位。这虽然看起来有点肤浅，但的确是我们很多人都在做的。比如我们会觉得使用Mac Book的人看起来更富创造力，而使用ThinkPad的人则显得务实勤恳。总之，好的设计会创造产品之外的附加功能效应。

3. 好的设计是美观的（Good design is aesthetic）
【硬朗是一种审美，温柔也是一种。】

这种美观是一种视觉舒适性，它没有单一的定性。朱光潜曾说过，"美感"是主观感受和客观事物的结合。一件事物不会存在客观的被全民性地认为是美的，它必须经过每个人的生活经验和内心感受。于每个人而言，"美"的标准并不同，同一张椅子，每个人的评价不同，但是大众有把美感趋于统一的势态，例如所有人初见九寨沟的胜景都会被其美丽所震撼。所以，"美"是人心的主观感受和客观事物的客观存在的结合产物。对于产品的设计美感，现在大众的审美观更加趋于"简约精致"的美学感受，产品美学应恰当地与功能性的客观属性紧密结合，却又不能完全被功能奴役，打动人心是带来美感的首要条件。产品不要为了吸引一时的注意力而制作得冗余，因为当用户把这件商品买回家后，过于复杂的外观会给用户造成负担，每一个产品都在环境中无法独立存在，如果产品本身太过于有自我的个性，就会和环境很难相容。这些产品用最合理的比例分割，最优雅的倒角弧线，最大方的符号布局来诠释"美"，图1-11为无印良品面包机。

"美"应该和功能友好相处，一个产品的外观应该完全展示它的功能性属性，一个老人用的拐杖没有必要张牙舞爪，一个电饭煲也没有必要使用摇滚风格，座椅没有必要让人感觉锋利尖锐，而户外工具就应该体现出

图1-11　无印良品面包机

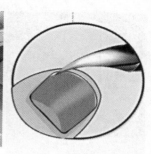

图1-12　不可替代的指甲刀

硬朗和耐久性，设计师要注意这些外观可以提供给使用者的感受，这些感受有时候还是一种体验，比如说，泡沫丰富就是一款有诚意的沐浴露应该提供给沐浴者的起码体验。

4. 好的设计使产品易于理解（Good design helps a product to be understood）

【在3岁时，我们就能轻松地使用剪刀了，但是在五六岁时我们都不一定会很好地运用指甲刀。】

好产品是会自然而然让你会使用的，它的形式是和使用方式息息相关的，这也关乎一个产品的语意设计。当一个儿童拿起剪刀时，往往非常得心应手，在3岁时一个孩子基本就能够掌握使用剪刀的方法，因为一把剪刀的形式非常自然易懂，手指会自然地伸进洞里，而且还会有两个洞的大小来区分哪个可以放进拇指，而对一个五六岁甚至更大的孩子来说，使用指甲刀可能都是十分困难的事情，因为手指没有非常明确的指示放置点，也没有任何东西来给手部提供助力，指甲刀深入手指的部分也没有办法衡量，所以到现在，剪指甲依然是一个让人没有太多安全感的事情。但是指甲刀的独特功能却是剪刀所无法替代的，指甲刀的造型对于类似甲片这种弯曲扁平的形体的修剪是非常有针对性的，且对于图1-12中右图这样的修剪情况也是剪刀的形态所力不从心的。所以综合来说，指甲刀当然也不失为好的产品，因为它对于自己的目标功能给予了无可取

代的支持，但是它的细节是有很多可改良的方面的，这也是为什么有很多院校在研究生专业考试中会选择"指甲钳改良设计"这个主题作为考核对象的原因了（图1-12）。

一个好的产品会利用大家都熟悉的形式语言来引导使用者去使用它，这就是好产品会和人沟通，让人易于理解的道理。

–举个例子–

下面是两个生活中很常见的水龙头，我们看到左边的把手就会下意识地向上抬起，而看到右边的把手我们则会非常自然地左右旋转把手，左边和右边水龙头把手只因为把手形状的不同，有宽度的横截面积一个是水平的，一个是竖直的，就可以很清晰地引导用户不同的行为，这就是来自于产品符号语意的设计。而设计师则可以利用这种在生活中人们熟悉的符号语言来运用在产品上，引导用户的行为（图1-13）。

在手机界面中的一些按钮设计，就利用了在现实生活中跟开关语意相关的形式来提示用户如何操作，这种传达操作某种程度上就起到了开关的作用（图1-14）。

虽然很多产品依然会附送用户手册，但用户往往已经不会看使用手册了，我们正在转变到产品易于使用、易于理解的时代。

5. 好的设计是低调的（Good design is unobtrusive）

【只有即兴之作才会刻意彰显浮夸来掩饰自己的不用心。】

图1-13　水龙头

图1-14　手机按钮界面设计

　　每一款用心设计的产品都是不张扬的，尤其是需要常伴人们左右的产品，比如眼镜、手机、剪刀等，太过夺目的产品长时间观看反而会让人感觉疲劳。因为用心，所以每一个细节都是谨慎的，都是经过深思熟虑的。

　　"无印良品"作为日本美学中我们最为熟悉的品牌，其一直崇尚的理念就是将产品的性格收敛起来，所谓"无印"就是让品牌没有任何的印记，展现最原始最简单的形态，它们和环境如此自然地贴合在一起，让人感觉安心和舒适。

　　"无印良品"的设计总监说，我们的产品给80岁的老人使用是合适的，放在20岁的学生背包里也很合适，甚至是幼儿园的小朋友使用起来也非常契合，这就是无印良品想要带给大众的感觉。只有产品丢弃掉所有自己的性格，才能够匹配所有性格的用户（图1-15）。

　　6. 好的设计是诚实的（Good design is honest）

　　假如一个廉价塑料把手给自己镀上一层金箔而发出金属光泽给人一种非常坚固的感受，这是一种非常拙劣的手法，却令很多商人乐此不疲。我想泰坦尼克号当年或多或少都是因为这样一种"不够诚实"的设计手段而让很多被它的表象所迷惑的人们付出了沉重的代价。

　　虽然一件良好美观的设计作品不仅仅是对实用功能的简单粗糙地呈现，但是诚实的作品的准则则是一个产品每一个突出的结构造型都应具有相应的功能性，以及它所带给受众的基本感受应该与产品本身的属性相符合。

　　举个简单的例子，如图1-16中的儿童家具设计中的椅子设计由于被绳子悬吊而给人明显的秋千椅的感受，如果椅子并不能摇晃而是固定的话，便是一款"不诚实的设计"。

图1-15　无印良品收纳产品

图1-16　天津理工大学2014级学生毕业设计——儿童家具设计

日本著名的商业艺术家村上隆是一个饱受争议的艺术家，一幅他创作的以玩偶为主题的卡通画《727》以超过一亿日元的高价卖出，让他成为日本作品拍卖价格最高的当代艺术家。

而他却遭到了很多设计师和艺术家们的集体抵制，他们认为村上隆只是一个会把一朵俗艳的太阳花挂得到处都是的低俗商人，没有任何的艺术造诣。因为村上隆最有影响力的IP形象就是一朵经典的卡通太阳花形象，并把之运用于各种设计作品之中，这朵太阳花形象开发出的作品已经为村上隆带来了超过几十亿的回报，令很多人费解，很多人表示欣赏不来这朵"昂贵"的太阳花。

但村上隆却对自己的设计理念和商业模式非常坦诚，他认为自己不能够赚钱的艺术品都不是好的艺术，凭自己的本事赚钱办展，这是非常值得推崇的事情。

村上隆的作品在普世价值观中无法被作为诚实的作品来看待，在这些绚烂卡通花朵天真灿烂的笑容背后更多的是对金钱夸张的渴望，而非主题本身。但是因为作者本身的价值理念便赋予了这些灿烂笑容更多无法言说的欲望内涵，令它的收藏者着迷。当然，村上隆的产品是当代艺术作品，不能和必须具有实用价值的产品相提并论，所以它的艺术价值无法恒等估量（图1-17～图1-19）。

图1-17 村上隆卡通画《727》

图1-19 村上隆2005《Kaikai Kiki》在凡尔赛宫展出后以200万英镑价格被收藏
（来源：公众号"普象工业设计小站"）

图1-18 村上隆与Vans品牌合作鞋款

7. 好的设计是持久的（Good design is durable）

【好的设计是不过时的，时间让产品变得更有魅力。】

15年前笔者上大学的时候有个朋友曾说：每个人都要有一双匡威的鞋子，而且越旧才越好看。那个时候笔者对时间赋予产品的魅力有了最初的认识。第一双All Star匡威经典白色帆布鞋于1917年设计生产，匡威鞋子从一开始便选择了特别的主打材料，帆布材料耐磨、透气、环保，设计师利用帆布材料的特殊性设计相应的鞋型，至今此款鞋子上市超过100年仍然畅销不衰，而且仍有数以万计的企业模仿、抄袭百年前就已经设计出来的款式和造型，堪属神奇。这样的设计经得起时间洪流下巨大的趋势变化（图1-20）。

H&M是一个鼓励人们扔衣服的设计品牌，它所设计的衣服追逐潮流，鼓励人们替换仍有作用的产品且鼓励快消主义，所以你很难在这样一个理念主宰下的品牌中看到经典的产品出现。但最近，在该品牌的前台开始出现醒目的旧衣回收箱，消费者带着曾经的旧衣服就可以换得相应的新衣折扣，这也说明了很多企业在可持续性设计上做出了一些反思。

现在的营销策略给人们最可怕的洗脑就是：消费使人快乐，买东西可以使你忘记悲伤。而作为专业设计师，这应该是我们最该想尽办法去抵抗的事情，我们应该将可持续设计作为自己肩负的使命，不应该鼓励人们热衷消费，而应引导人们持久地使用一件耐久的产品，有的时候被时光打磨过的产品反而更加具有魅力。

可口可乐的包装瓶设计无疑也是具有经典持久品质的典范之一，它由美国设计之父雷蒙德·罗维设计，雷蒙德是第一位将工业设计作为一个职业并大获成功的设计师及商人，对工业设计的产生和发展起到了举足轻重的作用。他设计的可口可乐瓶形以极具女性曲线魅力而深受喜爱，设计灵感来自可可豆外形，凹凸有致的曲线就像人体腰身一样符合人手握持时舒适地举起饮用的需求，集美观性和功能性于一体，这一产品包装设计诞生于1915年，历经百年，是历史上最成功的产品包装之一。可口可乐的经典瓶形亦迅速成为美国文化的象征（图1-21、图1-22）。

为了鼓励人们对包装瓶的回收利用，坚持持久性和人文关怀的设计理念，可口可乐公司以可乐瓶为主体，

图1-20　Chuck Talor代言的第一双All Star 运动鞋

图1-21　可口可乐瓶的瓶形设计借用人体曲线

图1-22　雷蒙德·罗维及他设计的可口可乐包装

图1-23 "第二生命"可乐瓶包装设计

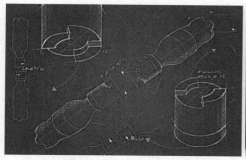

图1-24 可口可乐互助瓶盖设计

图1-25 去除LOGO的可乐包装（瓶身英文：标签是用来给易拉罐的，不是用来给人的）

设计了一系列有创意的包装再设计：

【第二生命】可口可乐公司联合奥美中国，在泰国和越南发起了一次主题为"第二生命"的活动，为可口可乐瓶子设计再利用的创意瓶盖。当一次性塑料瓶安装上这些"再设计"瓶盖后，瞬间变身成各式各样极具创意功能的实用产品，浇花水壶、转笔刀、健身哑铃……甚至是拨浪鼓，赋予了可乐瓶"第二次生命"，极致地体现了创意无限改变生活的理念（图1-23）。

【社交帮手】这款可口可乐的特别之处在于瓶盖的特别设计，将瓶盖设计成一个极其光滑的外表，只在瓶盖顶端有两个凸起，人们拿到这瓶可乐是没有办法像平常一样徒手拧开瓶盖的，因为使不

上力气，唯一的方法是找到一个同样拿着可乐的人互相帮助，将两个凸起对在一起，才能使上力气拧开瓶盖。这款有趣的可乐是针对新来报到的大学生开发的，给那些并不认识的同学们一个非常自然的交友机会，真是妙不可言（图1-24）。

【去除标签】可口可乐隐藏了自己身上的所有品牌标识，以此来传递世界上不应该有标签和偏见。此款包装是售卖给冲突频发的中东地区，用来表达品牌理念（图1-25）。

【瓶盖电话亭】可口可乐公司为在迪拜打工的南亚打工者设计了一个特别的电话亭，工人们只要将可乐瓶盖投放入这个给人带来温暖的红色电话亭就可以给远方的亲人拨通一个电话，可口可乐公司了解远在他乡的底层工人的疾苦，通过这样一个举动给人们传递一份可贵的温暖（图1-26）。

【快乐随风飘扬】这款红色贩卖机上有两个选项："Free Coke For You（送你一瓶免费可乐）"和"Share The Good（分享礼物）"，当你选择第一个选项时，贩卖机会掉出一瓶可乐给你，而当你选择第二个选项时，贩卖机里会飞出一个小气球，气球下面捆绑着一个礼物

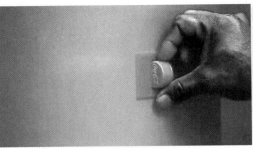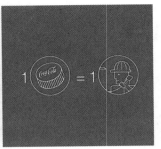

图1-26　可口可乐爱心电话亭

图1-27　分享礼物的可口可乐贩卖机（图1-17～图1-27内容参考"中国工业设计协会""生活设计工作室"等文章内容。）

盒，气球带着礼物盒随风飘扬，然后随机落在一个地点，将写有"一个特别的人把它分享给了你"的卡片和礼物送给一个幸运的人，这样一份从天而降的快乐应该是令人毕生难忘的吧（图1-27）。

8．好的设计要注重细节（Good design is thorough to the last detail）

你有没有注意到有些东西90%都设计得很好，大部分细节完美地平衡了功能、结构和美学。它呈现你的身份，但设计者们把一些看似不

重要的细节搞砸了，使得整个物品的使用体验都会大打折扣。

-举个例子-

一个自行车打气筒，它的体验90%都是完美的，它充气很好且易使用，外形有吸引力，与自行车风格也完全匹配。可是除了一点，打气筒的设计师选用了便宜的塑料来制作自行车卡扣以固定打气筒。因为选用的塑料材质品质欠佳并容易损坏，现在这个打气筒已经不能卡在自行车上了。仅仅因为这一点便大大降低了打气筒

的使用率，因为笔者更愿意在室外使用自行车的时候顺便给车打气，而不是还要爬楼回家去拿再下楼打气。如此接近完美的设计，便因为一个细节而毁于一旦（图1-28，仅为参考）。

9. 好的设计是对环境友好的（Good design is concerned with the environment）

【很多时候，我们喜欢的只是得到那个扭蛋时的感觉，而并非扭蛋里的那个东西。】

在儿童游乐场中用来吸引小孩子的扭蛋和奖励性的塑料玩具，每一个有2~6岁孩子的家庭里都免不了有一堆，在回家之后这些塑料小球的使用寿命通常不会超过半个小时，可是它们却是孩子泡在游乐场的最大动力。游乐场里的扭蛋玩具极其粗制滥造，它们作为奖励激起孩子们巨大的消费冲动，成本不超过1元钱，却造成了堆成山的消费垃圾。犹如各大电商平台的网红直播一样，用一些竞技手段和瞬间的折扣红利激发人们的消费冲动，这个欲望只在你打开手机的时候存在，在你错过了第一次红包的时候最强烈，而这样的刺激让你无法再拒绝第二次红包，于是你买了你根本不需要的东西。网红李佳琦的直播评论里一条记忆深刻的留言是：本来想买一支口红，蹲了一晚上以后发现自己买了四瓶辣椒酱，最关键的是自己完全不会吃辣。当我们关上屏幕，激情褪去，就发现自己原来根本没那么需要那个商品。而那些扭蛋也被丢弃在家里的阴暗角落里，在成长过程中没有任何裨益（图1-29）。

回到H&M和匡威的设计寿命点。好的设计使整个供应链的资源使用率最小化。过度的塑料包装，低效的制造，有人为了制作手指胡萝卜，把大胡萝卜切割打磨成小胡萝卜，然后装袋，造成人力的浪费。

宜家在提高资源利用率上起到了表率的作用，凭着优秀的视觉导视系统引导及倡导购物者自主购物、自主就餐、自主服务，以用户自己选购、自己提货、自己安装而著名。

图1-30中左边是生活中最普通的马克杯，右边则是宜家最经典的马克杯，那么宜家的马克杯为何要做这样的杯形改良呢？建议大家先自己思考一下。

总的而言，宜家杯子做的最主要的改变有两个：其一，是杯子主体的下端变瘦了，想一想这是为什么？其二，是杯子的把手变短小了，这又是因为什么呢？

其实看到图1-31我们就明白了，宜家马克杯这样一些细微的改变让马克杯之间能够成功地套叠在一起，

图1-28 某品牌自行车水壶和打气筒卡扣

图1-29 粗制滥造的儿童扭蛋玩具

图1-30 普通马克杯和宜家经典马克杯

图1-31　宜家马克杯实拍

图1-32　迪特·拉姆斯1961年为博朗设计的收音机

把手不再成为马克杯叠放的阻碍，同一辆运输车辆在能够运输8000个普通马克杯的情况下，却可以运输超过20000个宜家马克杯，降低了运输成本，而且杯子叠放在一起增加了杯子的稳固性，也大大降低了马克杯在运输和陈列时的破损率。所以，这样一款非常有个性却很简单的马克杯在宜家售价仅为2.9元钱，实在是非常经济，符合宜家家居一贯的品牌文化。而对于使用者来说，可以把杯子摞叠起来也同样方便收纳，节约空间，一举双赢。

10. 好的设计是尽可能少的设计（Good design is as little design as possible）

纯粹是很有吸引力的。迪特·拉姆斯认为好的设计师应该把一个产品的"累赘"去掉，而只留下它的功能。迪特认为无用装饰不具备美学性，因为它不能发挥物体的功能。这就引出了迪特最后的设计原则——好的设计是尽可能少的"设计"。这种少不仅体现在产品的装饰结构上，同样也适用于产品的操作步骤，要简单直接，不要让操作者产生疑惑（图1-32）。

【思考】能否设计一款产品来对抗人们的冲动消费？

1.2　设计的解构

1.2.1　设计程序

调研——背景阶段、探索阶段；

纲要——用户需求、设计核心要素；

概念设计——概念构思、绘制草图、精进效果图、概念评估；

设计开发——工程制图、产品原型；

细节确认——测试材料、测试制造技术、测试和提炼；

生产制造——市场营销、供应、废料处理（具体流程详情见本书第3章）。

1.2.2　设计思维漫游与训练

1. 设计灵感与设计理性

很多设计人觉得一个创意性设计是要靠灵感的，为了寻找灵感，设计师总结了各种各样的方法，如最常用的头脑风暴等，本书后续章节也有相关方法介绍。但不可忽视的是，我们设计的产品是具有实际操作性和使用

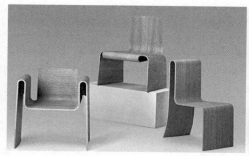

图1-33 "我爱瑜伽"座椅系列

目的的，是理性价值主导物，所以灵感的来源需要具备理性的属性，绝不是天马行空随意想象的。

–举个例子–

北京大学建筑学研究中心负责人、美国麻省理工学院（MIT）建筑系主任、著名设计师张永和先生给某著名家具品牌设计的家具椅"我爱瑜伽"系列（图1-33），是一套完全不按常规家具结构设计的作品，张永和的设计用意也是给使用者更多想象的空间。这套椅子看起来流畅随意，形态如此自由多变看似没有思想的束缚，但其实这一系列家具在设计时都遵循着3个理性原则：

（1）尊重品牌材料，选取优质木材作为材料；

（2）张永和本身是建筑设计师，所以他不擅长做家具的衔接结构，于是他利用自己擅长的对整体造型结构的把握，将每一把椅子都设计成只用一块木板弯成，不使用节点；

（3）他发现胶合板这种材料具有一定的弹性，于是决定利用这种弹性，让所有椅子和凳子的结构在坐上去的时候都会有一些弹性。

他本人在接受采访时说："这三个设计点都是经过理性分析得到的，灵感对我来说是不存在的。"

设计理性均来自于"对人的研究"，而非纯几何展现出的"冷漠的设计"，当你足够深入地了解用户的使用心理，足够深切地关注用户的使用情境，才可以得到足够深入人心有情感的设计作品。

20世纪70年代早期以来，挪威设计师彼得·奥普斯威克一直专注于审度人们"坐的方

式"，对于这个每个人都再熟悉不过的动作，彼得赋予它新的角度和解读，跳脱"椅子"这个具象化的概念，只关注"坐"这个姿势，是打开了创新思维的一个新的切口，它可以被看作是设计灵感的开端，但是真正的品质设计必然是继续理性研究的道路。

彼得在长期观察人们使用椅子的情景下发现，人们坐在椅子上工作的时候不会一直保持一个姿势，"静止"的状态使人们浑身僵硬，身心疲惫。彼得的设计工作室得到了一套"动态坐姿"的新理论，强调人们在坐椅子的时候存在自然的动态需求，指出传统椅子设计中存在的缺陷，即当人们坐着的时候若有移动需求，便无法与椅子和谐舒适地共处。

从工作室的"动态坐姿设计理论"中得到的坐姿最佳出发点的一个因素是：平衡。于是诞生了Balans膝式多变平衡凳，这款平衡凳具有实用主义的审美趣味，引导一种多变跪式的坐姿，Balans平衡凳最大的特点就是不存在一个恒定的支点，凳子会随着使用者自己的变化来形成自身的平衡。对于新用户和体弱的人来说，起身和入座动作都是相对麻烦的。但这款凳子相应地迫使使用者保持自我平衡和自我支撑的姿势，而这种"积极主动"的坐姿样式正是对自我的一种挑战，你必须接受"Balans"的最重要的设计理念与主张是"积极主动地坐"，这对身体是有好处的，即便这种坐姿并不能无时无刻让你感到舒适（图1-34）。

Gravity Balans躺椅是Balans多变平衡凳的升级版，不论你需要坐立工作，还是半躺着阅读，甚至需要躺下休息，都有一个平衡状态符合你的需求，更加升级

图1-34　Balans 膝式多变平衡凳

图1-37　改进版的"地球树"椅子1

图1-38　改进版的"地球树"椅子2

图1-35　Gravity Balans躺椅

图1-36　环球花园椅子

地诠释了"平衡而多变"的态度（图1-35）。

　　环球花园椅子同样是彼得·奥普斯威克的一款经典的设计，椅子由6个绒球和2个木球簇拥而成，形成一个层叠错落的空间，打破椅子的所有雷同的想象，同样没有固定的坐姿限制，给予使用者无限的自由以及高阔的视野（图1-36～图1-38）。

　　【训练】深度关注人们使用水龙头时的情景，并尝试设计一款新的水龙头。

　　2．创意思维训练

　　联想：联想的方式就是我们经常提及的"头脑风暴"，它需要设计者全身心地投入其中，就更容易以快速的方式得到一些思维上的火花。

（1）自由联想

通常这样的训练适合在你得到一个有明确方向的主旨理念，你可以以这个理念为一个"触发点"，然后做尽可能多的联想，在这个过程中你应该不要把自己的思想禁锢在主题提供的线索中，但是不要偏离轨道太远，可以将自由联想的内容按照属性分类。一旦你产生了超过20个联想后，你可以开始整理有效联想，将这20个联想进行分别联想，得到二级联想词。产生自由联想词的方法详见本书第4章。

（2）逻辑联想

很多学生误把"自由联想"就当作头脑风暴的全部，思维发散出去了，却没有收回来，其实对项目方案的贡献非常有限，在足够的自由联想之后，我们还需要一个逻辑联想的过程进行整理。我们也可称之为灵感的串联和构思过程。这个过程非常重要，往往是得到有效解答的关键。将有效联想词进

行破界组合，组合可以是两词组合或者多词组合，组合时尽量将没有绝对关联的词尝试组合，往往能够得到新的有效创意。

–举个例子–

我们先随意设定一个主题词——孤独。然后我们简单地进行了主题联想，并将联想分类成"事物""行为""人物""状态"这4个属性词汇，得到了第一列实体黑框的一级联想词，一级联想词尽量广泛丰富，不拘泥一格，但一定需要说清楚和主题词的关系，一级联想词应该和主题词有密切的联系，不能牵强。然后再通过一级联想词出发继续联想形成第二列的虚线框的二级联想词，二级联想词必须和一级联想词有密不可分的关系，差不多之后可以停止联想。笔者因是临时想到的这个主题，所以一个人进行了联想，词汇较少，人多的时候词汇可以更加丰富，形成一个2~3倍的体系为佳（图1-39）。

然后我们开始对联想词进行组合，形成逻辑联想。

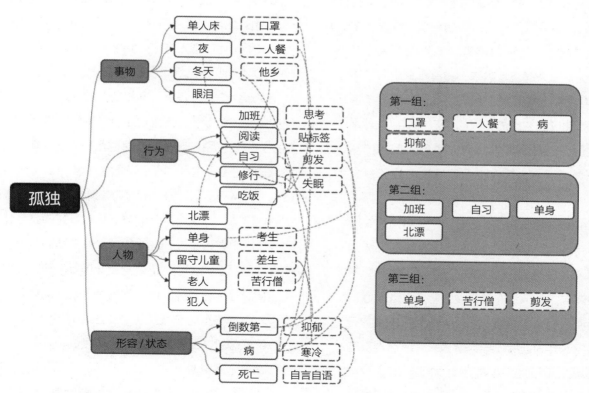

图1-39　关于孤独的思维联想
（来源：作者自绘）

在这里笔者组了3组逻辑联想放在右边的灰框中，第一组由一级联想词"病"以及二级联想词"口罩""一人餐""抑郁"三个词组成，结合到2020年初暴发的新冠肺炎给整个国家带来的深重影响，有了"口罩餐厅"这个概念，这次疫情让我们了解到原来人与人近距离接触交流时互相交叉吸收感染如此厉害，吃饭时更是因感觉不干净而恐慌，这次疫情好转之后人们也许还是会长时间对于近距离吃饭产生不良反应，"口罩餐厅"的概念就是让人们在就餐时形成一个相对隔离安全的空间，这个空间能够有效隔离附近就餐人的口腔飞沫，甚至还可以隔离同一桌吃饭的人的飞沫传播，对空间设计和就餐桌椅设计是一个新概念。当然"抑郁"这个词是另一个引发的概念，也就是说针对一些特殊人群，比如心理状态不好，或敏感型人格，更多地针对没有安全感的一层"口罩"防护，让人的心理也产生更多的安全感的一个餐厅概念。

第二组词语由4个一级联想词"加班""自习""单身""北漂"形成，本来自习是一件属于学生的专有名词，但是现在越来越多的成年人、白领、北漂也有很大的自习需求，寝室和家里并不适合安静工作和再深造。所以第二组概念"单身自习空间"也就此形成。给成年人的自习空间现在越来越受到欢迎，已有很多以此为概念的新型阅读学习空间在尝试运营，笔者也很看好这样的新概念模式。

第三组逻辑联想为一级联想词"单身"和二级联想词"苦行僧""剪发"得到，这套词的形成本来是从僧人这个人物角度出发，因为僧人时常有需要剃发的需求，又不是非常方便经常出入理发厅，然后结合疫情爆发期间绝大部分人都滞留家中，不能去理发店这样的场所，导致很多人有自己理发的需求，而纵观电动剪发器的设计大部分的人机设计只适合他人为你理发，而做不到自己给自己剪发的功能，而从"孤独"这个主题出发，一个人自己给自己理发是非常符合的，所以得到"单身理发器"的概念，可设计一款可以方便自己握持并能有效方便地运行于自己整个头部，并且能够剪出理想发型的新型理发器。以上三个简单的新概念就是通过主题联想和有效的逻辑联想进行的一次概念联想范例。

"头脑风暴"并不是个百用百灵的方法，它也不适用于全部的项目类型上，一个没有诚意的头脑风暴会降低整体方案的效率和可行性，我们应该能够体会当你夜深人静独立思考时对比一桌子人七嘴八舌讨论一个方案的效率，前者往往更深入和有效一些，且头脑风暴是一个非常需要练习的方法，它需要一个非常有经验的带领者。设计的思维风暴确实是可以带来创新的源泉与动力。

-举个例子-

2004年，日本设计师原研哉策划了一个设计项目展览，他给20位设计师一个相同的课题：触觉。这个词在这里指的是一种让我们思考如何以自己的感觉进行认知的态度，与形状、颜色、材料和质地打交道是设计一个很重要的方面，而这不仅仅是如何去运用表现它们，而是如何让别人去感觉到它们，原研哉称之为：五感的觉醒。

对于这个设计项目，原研哉的要求是，不要基于任何的形式或者颜色，而主要是受"触觉"激发的物体，不要尝试画草图，这样设计师更能开始设计某些撩拨人的感觉的东西。图1-40为该展览标志"H"（该展览名称为"HAPTIC"），原研哉将猪鬃植在硅胶的表面做成这些字母，这个带毛刺的字母标志，是不是会让人心里发紧呢？在构思设计的时候，抛开形式和颜色，开始的设计是很难的，但对于这个设计项目不行，原研哉的初衷便是让所有设计师抛开任何关于形式的东西，先从唤醒和刺激感觉这一点开始。那么这个项目就很适合使用思维联想的方法（原研哉《设计中的设计》）。

在这个展览中，最负盛名的应该是深泽直人的"果汁的肌肤"，深泽直人为某果汁品牌设计了一系列水果果汁饮料包装，这些带着最原始的水果果皮包装带给人

图1-40 鬃毛"H"图片

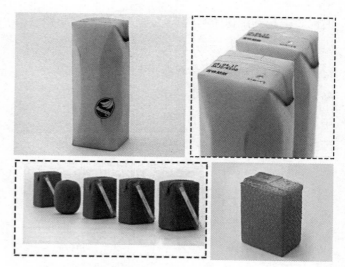

图1-41 "果汁的肌肤"图片

们的感官冲击力是显而易见的,猕猴桃的丝丝绒毛,草莓的凹凸颗粒质感,这些肌理的亲切感都在唤醒着购买者最初的感官体验,巧妙地将商品的需求用人们最容易理解却也是最生动的方式表现出来(图1-41)。

关于"HAPTIC"感官展的设计初衷确实是一场深度的灵感迸发,笔者在教授产品设计专业课程的时候也会给学生进行这样的训练,布置过一个关于"时间"的主题,然后让学生进行自由的思维漫步,由"时间"这个主题去发散延伸,最后确定在某一个可以挖掘的点上。下面给大家分享几个当时课堂产生的案例:

【树叶书签】

这是一枚像树叶一样的书签,学生观察到了生

活当中的一个细微的现象,很多人买来新书后会有最初的冲动而阅读几页,夹上了书签后放进书架打算明天继续阅读,但是却没有继续了,所以书签会夹在那本书里直至落满灰尘。这个现象伴随着一段时间的流逝,而被冷落的书本就好似一株被荒废的植物一样逐渐凋零。于是设计师设计了一枚形似树叶的书签,这枚书签会随着时间流逝慢慢变黄,直到主人再次打开书本把书签拿下来继续阅读,树叶才会重新变绿。这样一枚书签,以两段有着相同境遇的被冷落的时间为契机点,用树叶变枯萎来提醒人们不要半途而废,继续读书,确实是一个非常值得推崇的设计方案(图1-42)。

【花开水表】

此方案设计了一款用来记录家庭用水量的水表,通常家庭水表都是放置在隐蔽的机电柜里很少被看到,人

将绿色的树叶书签放入未看完的书中

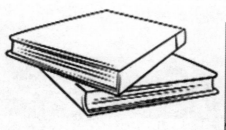

把书放置一段时间

随着时间的流逝树叶将由绿色变成黄色和棕色

图1-42 树叶书签图(作者:吴韵霖)

们也对自己到底这个月使用了多少量的水没有概念，而通过这款设计可以一目了然每个月的用水量。这个表盘里的水位会随着用水量加大而慢慢升高，也同时可以通过水平线读取数据。其次，随着用水量的增大，水表中的花朵也会逐渐枯萎，让人产生节约用水的念头。本方案关注到了环保的主题，将时间流逝后用水量会逐渐加大这一现象用一个产品进行了视觉化的表现，既充分考虑了用户的需求空白点，又通过产品起到了节约用水的引导作用，值得点赞（图1-43）。

【大象蜡烛】

一款大象形象的红色蜡烛，其重要的体验并不是蜡烛这个产品本身，而是蜡烛慢慢燃烧的整个过程带给人的体验，最后蜡烛燃尽后掉落下来的两颗白色象牙，使用不可燃材料制作，让两颗象牙最后掉落在燃烧后留下的一篇红色蜡油中，好像猎象者拔取大象象牙时象牙躺在血泊里的触目惊心的场景。学生将蜡烛慢慢燃烧和时间缓缓流逝做了对应，最难能可贵的是学生还捕捉到了时

间流逝后会形成的某个现象来抨击现在非法捕杀动物获取资本的恶劣行为，构思巧妙而深刻，又不失一些趣味（图1-44、图1-45）。

【肥皂戒指盒】

这款设计是用肥皂做成一颗苹果的外形，但其实它真实的身份是一个戒指盒，里面可以放置一枚戒指。这个肥皂戒指盒可以让某个人给自己的情侣赠送一枚戒指这件事情变得十分有趣，当情侣收到戒指盒的时候她以为这只是一块肥皂，要经过一段时间，情侣使用肥皂让它慢慢变小后才会把戒指露出来，这时她才会明白在很早之前某个人对自己的心意，那一刻情感一定会得到很多微妙的冲击。这款设计别出心裁，选择了一个很独特的方向——戒指盒，且用了一个更奇特的表达方式——肥皂苹果，时间的流逝不仅仅体现在肥皂一点点变小这个具象的情况中，也体现在人和人的感情一点点变得浓厚这个抽象的概念里，最后的效果也新鲜有趣，实属妙矣（图1-46）。

后来，笔者将关于"时间"主题的设计思维课程放在面向全校所有专业的公选课程中尝试了一次，让没有

图1-43　学生作业"花开水表"低保真模型图（作者：韦宣同）

图1-44　保护象牙公益广告

图1-45　学生"大象蜡烛"作业视频截图（作者：杨怡凡）

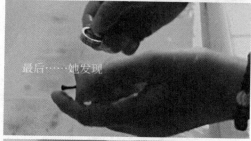

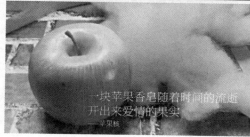

图1-46　"苹果戒指"学生视频作业截图（作者：靳浩然）

设计基础的学生尝试利用自身专业的所长和特点来表达"时间"的概念，没想到也获得了很多意外的惊喜，其中一个计算机专业的学生呈现了一个名为《辉光钟》（别名：世界线变动率探测仪）的作品。这个作品是一个电脑上的程序，点开这个程序后会出现这样一个全黑色的界面，界面中间会出现一排醒目的猩红色的数字码一直在不停跳动，携带一丝神秘的气息，此时你可以随机点击鼠标让数字码停下，在黑屏上方就会随机出现一行字，这行字有两种情况：

A. 什么也没有发生，除了时间什么也没有改变。但这是常态，不是吗？

B. Make your choice.（做出你的选择）

其中B情况里面会有以下6种可能：

①遇到了喜欢的人，要迈出第一步吗？

②要带上石鬼面吗？

③要加入这个社团吗？

④你太难了，还要坚持梦想吗？

⑤这个人好怪，你要和他做朋友吗？

⑥要做选修课的创意任务吗？

所以当你点下鼠标，就有可能遇到以上选择，其中发生A情况的概率要远远大于B情况，这就像我们平时所经历的生活一样，大部分时间我们都是平静地度过，没有什么特别的事情发生，但偶尔会有B情况发生，就是我们遇到生命中一些特别的事情，需要我们自己做出选择，在这些选择的下方有一个"√"标志，如果你选择去做这件事就点击这个标志。比如图1-47中，视频中的操作者需要做出选择：是否要加入这个社团？鼠标点击了"√"，每次你点击"√"都会出现一个对话框：你的时间线发生了改变。之后会出现相对应的对话框：你收获了珍贵的友情与记忆。这些B情况当中的选择就预示着我们人生当中会遇到的各种各样的际遇，当你做出不同的选择时都会如同蝴蝶效应里那只扇动翅膀的蝴蝶一样，可能改变你整个人生的轨迹。在这个视频的结尾，操作者遇到了"这太难了，还要坚持梦想吗？"的选择，鼠标在"√"标志周围徘徊了一会，却最终没有点下去，引人思考。计算机专业的学生利用自己擅长的方式将自己对于"时间"这个概念用一种独特的程序语言呈现出来，方式虽简单却表达了大学生对人生问题的一些很有力的看法和解读，并且对于一个长期保持理工科思维的学生来说，通过这个程序竟也呈现出了恰当浓厚的情绪氛围，当看到"你的时间线发生了改变"，包含不经意却令人唏嘘的感受，情感拿捏恰到好处（图1-47）。

（3）极端思维

极端思维是一种新的思维方式，要求你去思考本次项目的极端情况，也许是使用者的，也许是操作方式的，也许是使用环境的，也许这样的思考方式会带给你新的洞察和灵感。这种方式会忽视掉一些产品可行性和潜在的问题，用更极致的手段解决问题。

比如当你设计一块手表，你可能会想，这款手表应该以什么理念为主题，这款手表是给谁使用的，这类使用者会喜欢什么颜色等，但这往往会令人陷入思维僵局、头脑停滞的状态，这时我们可以问自己一些更极端的问题，比如人为何要使用手表？人如果一天看不到时间会发生什么？断臂之人如何使用手表？盲人如何使用手表？

－举个例子－

瑞士一款以主打"盲人可以使用的手表"的设计品牌eone最近风靡世界。这款手表即选择了一类极端用户成为目标用户进行极端设计，成就了一款特别的设计。针对盲人用户这个特殊群体，设计师并没有采用更为热门和成熟的语音辅助功能，因为这个功能其实对于环境和场景有要求而不方便，此腕表的主题别有用心地选择了"触摸"这个方向，表盘中心设置了一个圆形轨道，表壳外沿也设置了一圈轨道，轨道中各有一颗小钢珠，表外圈的小钢珠是手表的时针，表盘上的小钢珠其实就是手表分针，两颗钢珠利用磁吸方式按时间规律

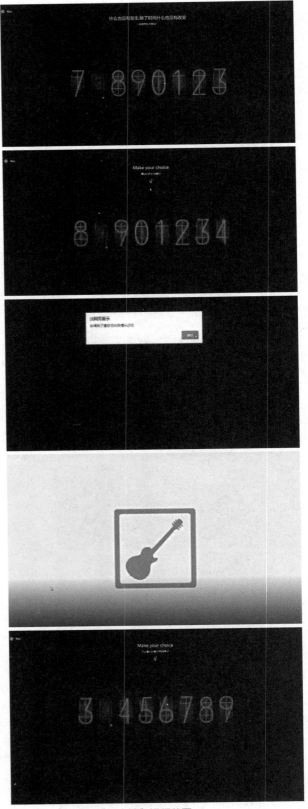

图1-47 学生作品《辉光钟》视频截图
（来源：天津理工大学公选课《产品设计与创意生活》学生课程作业）

图1-48　eone手表

性转动，"盲人"用户可以随时触摸表盘的小钢珠来感知时间，而这款手表不仅受到盲人群体的关注，而且还受到了大众的热捧。不仅因为它特殊的表针设计和强烈的造型美感，还因其为了极端用户所设计的这种特殊的读表方式适应了更多的用户需求，比如在严肃会议上想要知道时间却不好意思看表的时候，比如在漆黑环境如电影院里想要看到时间的时候……大家发现这种极端目标的设计可以挖掘更多的需求解决方式，帮助更多的用户（图1-48）。

极端思维的另一个案例是由美国著名设计公司IDEO设计的，IDEO设计师也擅长利用这种方式思考方案，多年前瑞士塞利斯公司（Zyliss）聘请IDEO开发一系列新型厨房用品，设计团队从研究孩子和专业厨师入手，而这两类人都不是这些主流产品的目标用户，然而，正是由于这样，设计团队从这两类人那里获取了很有价值的洞察。一个7岁孩子使用罐头起子时非常费力，这说明成年人学会了掩饰自己使用工具时的困难；饭店厨师偷巧的方法，带来了未预料到的关于清洁方式的洞察，这是因为他对厨房用品的要求非常高。这些看起来极端的"非主流人群"特有的看似夸张的需求，引导设计团队摒弃了正统观念，从而创造出一系列新产品，这些产品既体现共通的设计元素，又为每款工具赋予了个性化演绎，结果，塞利斯公司出品的搅拌器、刮铲和比萨刀持续热卖。

【训练】2020年的春节每一个人都被突如其来的新冠肺炎拉入到一场空前的恐慌之中，以"病"为灵感启发，设计一款产品，类别不限。

1.3　设计两面性

在塞缪尔·阿贝斯曼的一本有趣的书《失实》中描写了一种影响我们理解知识和生活世界的短视观念，他称之为"改变基线综合征"。

"改变基线综合征"：我们会习惯地认为，我们出生时或第一次看到的某种情况，无论它是什么都是对的。

这是指人们很容易将我们第一次认知的事物存在的方式视为正确和理所应当的，而且认为它们一直都会如此。如同现在很多的人对于各种媒体报道的信息没有任何判断力有雷同的道理，当初的一篇文章就让双黄连口服液一夜之间扫荡一空，甚至连"双黄莲蓉月饼"都被抢购一空，面对这样的情景真的让人哭笑不得。对于"改变基线综合征"有一种健康的反对意见，该意见的基本观点是世界是不断变化的，当前存在的一切都是由周围环境决定的。那么"改变基线综合征"对设计会产生什么影响呢？设计师思维方式的一个标志就是怀有一种自然的好奇心，去探究事物如此存在的原因，有些假设的局限性大于优势性，那么我们能够获取哪些新的信息和实践，能够用其来扩展我们对明天的设计如何区别于今天的设计的理解呢？

"设计师制造了世界上最美的垃圾。"

——斯科特·尤恩

1.3.1 设计伦理

【设计之恶】就如这世上的所有事物一样，设计也是具有辩证性的，它既有伟大美好的一面，也有疯狂邪恶的一面。在历史上，设计曾被认为是邪恶的，某些设计促成了恶魔之作或加速了邪恶精神的影响，比如，一位欧洲主教禁止枪支上使用膛线炮管，因为其超越旧版滑膛步枪的卓越准确性在那时被认为只能是由于恶魔的干预。（哈罗德·尼尔森《一切皆为设计》，2018年，中国工信出版集团）

在很多国家，香烟宣传在孩子们面前出现都是非法的，烟草可以说是世界上最绞尽脑汁推销自己的产品之一了。据称，大烟草商们在2009年一年内花费了130亿美元推广他们的产品，他们的目标是：劝说年轻人群众的至少3位从十几岁就开始吸烟直至亡故。

在蒙特利尔的商店里，烟草制造商自以为聪明地规避了法律所禁止的在商店内售卖并直接推销展示香烟的法规，他们鼓励商家在收银台边销售这种以香烟为包装的火柴盒。至此，这些商人的"营销伦理"都变得像他们的产品一样不健康了。"烟草火柴盒设计"（加拿大，蒙特利尔，代博曼《做好设计》）如图1-49所示。

随着智能时代的来临，智能机器人成了下个风口上的热门产品，多种类型的机器人层出不穷，其中不乏各种陪伴型机器人，包括儿童的早教型陪伴机器人和老年人的保姆型机器人等，但是跟很多上了年纪甚至还不能被称之为老年人的60多岁中老年人沟通之后得到的更多的反映是非常反感陪伴机器人的存在，认为把老年人丢给一个机器人的行为不可理喻。机器人设计得越智能强大越遭到老年人的排斥，这和设计者的初衷严重违背，那些当下正在设计智能机器人的设计师多是二三十岁的年轻人，他们只能看到老年人和儿童的生理需求和功能需求，却忽略甚至"践踏"着他们的心理需求。而在这里需要思考的是，老年人因为已经非常清楚自己的感受和需求，所以能够表达反对和拒绝，但儿童却是会被上一代人所引导而不会表达拒绝，那么对于习惯了机器人陪伴的孩子们而言，未来会产生什么影响呢？

1.3.2 设计反思

以下是坂茂设计的卷纸作品，这款卷纸看似非常简单地对现有卷纸进行了改造，即把中间的圆形纸筒变为了方形纸筒（图1-50），这样做的目的是什么？

首先，方形纸筒的一个最直接的影响就是让抽取纸巾这件事情变得困难了一些，肯定不如圆形纸筒运转得顺滑，这看似增加了使用者的负担，是一个失败的设

图1-49　香烟火柴盒图片（仅为示例）

图1-50　坂茂卫生纸设计

计，但是无形中由于更改形状而增加的困难却让很多如厕完想要取纸巾的人减少了用纸量，因为转起来费劲，所以差不多够用了就好，反而节约了纸张；其次，方形的纸筒卷出来的纸巾卷就接近于方形，叠放起来之后减少了纸巾之间空余的空间，在运输过程中节省了空间，节约了运输成本，这是一个对于制造者来说很重要的事情。

但坂茂先生对于这件设计还有一个更妙的解读，那就是对于人类自身劣根性体现出来的反思，是他更想从这个作品中传达的。当人们懂得了这款设计时往往会觉得不错，会发出赞叹声，而这样的赞叹声恰恰是说明了这款纸巾确实戳中了人们都或多或少存在的想要遮蔽的贪婪本性，每个人都懂，恰恰说明每个人都有。这款设计的出现不仅仅是绿色设计的倡导，更是讽刺了我们自己内心的问题，值得反思。

下面说跟设计相关的两个有危机意识的概念：

【有计划废止（Planned Obsolescence）】这个概念由美国通用汽车公司总裁斯隆和设计师厄尔提出，"有计划废止"鼓吹新的时尚潮流，让用户感到自己使用的产品已经跟不上时代，应该丢弃，其实它们还都是可以继续使用的完好的产品。是不是像极了你们现在更换手机、电脑、衣服等商品的现状？在20世纪50年代，该术语在汽车行业极为流行，也为当年通用汽车的异军突起提供了有利帮助，也成为后来美国人频繁购买汽车的主要推动力。因为消费者极其关注汽车的发展趋势和外观造型，因而频繁地升级他们的汽车。设计师此时充当的角色成了纯粹关注如何用外观吸引人，用古怪而又充满噱头的方式，而非创造真正人性化的功能提升产品的品质和体验（图1-51）。

我们要知道，报废一个产品的形式多种多样：技术性的、美学性的、功能性的、文化性的，但很有可能你所使用的产品的报废都是"事先预谋好的"。（Nathan Shedroff《设计反思：可持续设计策略与实践》，2011年，清华大学出版社），想一想你的手机好像真的会在一年左右的时间性能开始下降，而这时候新手机的发布会正好如约而至，新机器往往会有一些上一代机器恰好没有的性能来彰显新的特色，而这个特色"正中你

图1-51 大众甲壳虫汽车的换装秀引发的消费欲

怀",一切都看起来顺理成章。但也许企业并不是真的在这一年内才开发出这个新的功能,而是它们往往懂得把控产品升级的节奏,好让你不停地更新。

我们在设计产品时应推崇一个与消费主义违背的理念:耐久性。我们应该找到创造产品和服务体验的方法,并可以满足用户长期使用的需求,做到节省材料和能源。设计师应该创造经典款风格。

【购物疗法】:这种说法完全是营销人员所发明的最有效也是最有害的概念之一,"购物疗法"指的是一种人们可以通过购买新产品以愉悦心灵的心理暗示。当人们被灌输购物让人更幸福、更年轻、更有吸引力的观念时,更多的时候只是陷入资本主义的一场心理陷阱而已,然而我们大部分人都心甘情愿地跳进了这个陷阱中,因为它确实起到了愉悦我们心灵的作用。

设计在这个环节中应该起到什么作用呢?设计师应该对这种现象有清醒的认知,设计工作的确让我们对自身及世界的认知更加美好,一件凸显身材、吸引目光的新衣,一支智能舒适、处处贴心的智能手表,都让设计师最大限度地施展自己的才华,成就自身的事业。但我们依然需要清醒,是否有时候我们也会不经意地使用设计技巧来诱惑那些

本不需要你的这件产品的人群?你的产品是否只是激起一时的情绪,却让易用性难以为继?设计师应该享受的乐趣应该更加高级,当我们降低了生产和运输的能源成本,当我们设计的产品可以更加持久地陪伴它的主人,当我们的产品可以精准地使目标用户敏锐察觉却不影响其他用户时,这是一种设计师应享受的高级感受。

2001年9月起,纽约市长鲁迪·朱利亚尼呼吁美国人也能成为该市更美好的"世界最佳消费者"的一员,那场针对美国的恶性袭击来临时,乔治·W·布什总统也曾发表公开讲话告诉民众要通过"购物"来打败恐怖主义,这些"领袖"们的声音都难以让人们从盈盈自满中转移出真正关注生活的种种真实。主流媒体持续给人们灌输"绿化""可持续"这些宏观的理想,但是我们为何有这么多的消费?我们为何消费了这些而不是消费了那些?对于我们的世界来说,今天一个很大的威胁扎根于我们的过度消费上,它们被心理、时效、世故以及触手可得的交互科技所激发而高歌猛进。设计师在这个环节中成了有史以来最有效的消费骗局的"灵魂人物"。

【设计反思】:在22世纪到来的时候,当我们孩子们的孩子及孙辈们回望我们现在生存过的这个时代时,历史将会召回哪些我们认为的最关键的事件和产品来凭吊呢?

第2章

好的开始——
产品设计中的选题分析

2.1　选题分析——纵向为干，横向为枝

2.1.1　你的选题分析是哪个类型

1. 以物"议"物

刚入门的设计爱好者或学习者往往会将以物"议"物作为思路，得到设计命题之后立刻围绕产品本身的造型、功能展开设计过程。这种选题分析局限性强，由于设计师的目光集中在产品本身，往往仅围绕着市面中已有的产品造型进行加法、减法的形式变化，难以发现产品内在缺点或潜在机会，对选题的分析容易流于表面，无法解决实际生活中尚存的问题。

2. 以人为本

高级或进阶级设计师的思路倾向于"以人为本"，在设计任务确定、市场调研、用户需求分析过程中都以使用者为研究核心，运用与"人"直接相关的信息点确定最终选题定位，为人造物。从"以人为本"的角度展开选题分析，符合产品设计的根本目的。无论设计师面对何种产品设计需求，以人的生活习惯出发，通过人的使用需求、行为习惯对产品的可用性、易用性进行验证，对需要改良的产品加以肯定或予以否定淘汰，设计进化出更好用、易用的产品，甚至推翻某些不符合人体参数的陈旧设计概念，进行全新的产品开发设计。"以人为本"的设计思路能够帮助设计师真正解决问题，让产品设计为人服务。

–举个例子–

以"水杯"设计为例，当我们作为设计师得到这样一个非常常规具象的设计命题时，往往会因为生活中司空见惯的形状导致思维僵化，从一个有"耳"或者无"耳"的容器入手（图2-1），绞尽脑汁去丰富它的造型或在原有造型基础之上延伸功

图2-1　以物"议"物——从形状到形态
（来源：作者改编自网络素材）

能，这就是我们所说的以物"议"物的选题分析类型。

现实中的产品设计是一个复杂的过程，从"以人为本"的提出到今天通用设计的倡导，在分析"水杯"时，设计师需要跳出形态的定式思维，思考与"水杯"产品族密切相关的使用者——人，以及人和水杯所共处的空间——环境进行深一层次的思考（图2-2），进而发现使用者对名为"水杯"的产品究竟出于何种需求而使用，这正是"以人为本"的选题分析过程，也是产品设计改良和创新开发的根本目的。

伦敦的三名工业设计专业学生通过学习发明了水袋状薄膜容器Ooho透明水袋（图2-3），从方便使用者操作到节省容器成本，以及减少环境污染等与人—产品—环境相关的需求要素出发，得出了Q弹透明的产品形态设计，突破了"水杯"固化在我们脑子里的形状。

图2-2　产品设计以人为本的关注要素
（来源：作者自绘）

图2-3　Ooho透明水袋（以人为本——从需求到形态）

图2-4　CUP FEE环境友好型咖啡纸杯设计
（来源：Yanko Design）

随着"九九六"工作制在年轻上班族中越来越普遍，咖啡几乎成为了大家维持精神状态的必备品，随处可见的各品牌咖啡连锁店几乎家家都是生意兴隆。然而，在利用咖啡对抗疲劳工作的浓浓睡意同时，用后即抛的一次性咖啡杯给环境带来了巨大压力。在设计中，"可持续设计"是近些年的热词，CUP FEE咖啡+杯的设计既为上班族提供了畅饮的便利条件，也是一款环境友好型的产品设计，改变了传统纸杯咖啡的冲泡方式和外观造型（图2-4）。

2.1.2　从人（及人所构成的环境）出发的选题分析

从人出发的选题分析类型，要进行详尽的设计分析，包含纵向分析和横向分析。

1. 纵向分析

纵向分析由选题开始，其路径为选题→确定设计任务→市场调研→设计定位→初期设计→测试修改→最终设计→样机投产→反馈评价。纵向分析关注的最终目标是产品生产投放后的市场反馈。选题是需求分析的开始，由此，设计由抽象的概念研究分析向有形可用的物质实体层层递进。就像树木生长一般（图2-5），如果我们将纵向分析看作是树木的主干，市场就是产品生长的肥沃土壤，而某一选题最终能否在沃土中扎下粗壮的根系，需要枝叶繁茂生长，而此处所说的枝叶就是选题分析中的横向分析，它决定了产品最终在市场中的生存能力。

2. 横向分析

在从人出发的选题分析过程中，我们可以将与选题相关的人群进行分类，形成若干与产品相关的角色，围绕选题进一步剖析角色，探索角色对设计选题的导向、作用、影响，并对角色进行发散思维，考虑与角色相关的需求、环境、利益等，横向发散程度越深，就好比枝叶越繁茂，"设计树"也会越茁壮。当然，在思维发散的过程中，总会有与选题偏离的想法，或者关联程度低的想法，需要我们利用收敛思维，像园丁一样去修剪枝叶，保留对于设计最直接有力的想法。

–举个例子–

以某届"芙蓉杯"产品设计大赛主题生存设计为例谈选题分析。

首先来共同了解一下本次比赛的参赛须知：

主办单位：湖南省人民政府

承办单位：湖南省科学技术厅、湖南省广播电视局……

参赛内容：

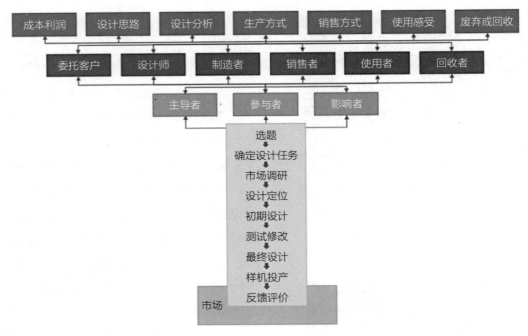

图2-5　设计分析的树状结构
（来源：作者自绘）

公开组参赛作品以概念设计为主，内容分为以下三个方面：

（1）生存设计

防灾、抗灾、救援类产品设计，包括防御水灾、旱灾、冰灾、地震、台风等产品的设计以及相关医疗急救产品。

评选标准：创新性、实用性、经济性、环保性

通读参赛须知后，找出与设计相关的重点，我们以"人"的角度出发，来分析所有设计相关角色。

分析主办单位和承办单位：政府、科学技术厅、广播电视局，以上群体对设计的技术可行性、成本可控性和产品创新性有较高要求，可知本次比赛的创意重点应当是便于生产且具有实用性的创新性产品设计，产品的表现手段和造型装饰手法则并非首要考虑的重点。

（2）设计重点

接下来，在参赛须知的参赛内容中找到设计重点："生存设计：防灾、抗灾、救援类产品设计。包括防御水灾、旱灾、冰灾、地震、台风等产品的

设计以及相关医疗急救产品"。

我们可以以小学语文解读文章的要素为方法进行分析：

①时间：日常或发生各类自然灾害时（我们应该自行完善，日常防灾或抗灾应当是以提前预防准备为主，时间多是人们清醒且行动能力正常时。而救援类产品则是发生灾害后，时间往往不可控，而夜间往往是人的生存能力更为受限、救援难度更大的时刻，设计面临更多挑战）；

②地点：不详（可以自行补充，自然灾害往往突如其来，受灾人群可能会在家中、户外等各类地点）；

③人物：防灾者应当是每一个人，抗灾者应当是受灾群众和救援群体，救援者则是非受困群众、武警、消防员、医疗人员等具有一定施救能力的群体；

④起因、经过、结果：不详（我们应当自行补充，可根据相应的灾害进行情景的设定，但从参赛须知中我们应该得出的结论是，设计产品应当对防灾人群、受灾人群起到保护生命、减轻生命威胁、提高生存可能的作用）。

依据马斯洛生存需求理论，生存是人最基本的需求层次，当这一需求受到威胁时，人们往往会因为慌乱凭借本能或基本认知能力，利用手边的一切事物来求得生命延续。从设计角度讲，即为使用者需要危机时刻能立刻发挥认知功能和使用功能的产品。因此确定设计任务时，产品的认知功能和使用功能应该放在第一位。如何使人在生命受到威胁时能够运用本能或基本认知操作产品从而获得最大的生存机会是设计的重点。

此外，我们应当充分考虑受灾人群在灾难发生后的心理创伤，能够考虑到这一点，就会自然而然地联想到情感化设计也是设计重点之一。再次，有针对性地分析灾难类型，确定防灾者、受灾者和救援者在不同灾害中所处的不同环境。

（3）灾难类型

①水灾：水灾的特点是来势汹汹，在灾难发生时会瞬间发生毁灭性危害，而且灾后对人们生活的主要危害是生活用品的漂失和房屋的毁坏。由以上特点可知设计选题方向基本可定在灾难发生时的生存设计。灾难发生后的生活用品基本是找不回来的，而房屋的倒塌毁坏并不是产品设计所能解决的问题。

经分析设计任务可定为逃生设计。该逃生设计产品的特点必然是使用起来迅速便捷，以面对水势突变；或是密封性强，使人身在其中不会渗水；另外一个特点是要能承受一定的撞击，以解决逃生工具被水冲得左突右撞时不会发生破损问题；最后，因为水灾特点是来得快、去得快，产品无须长时间使用，基本上是一次性产品，而使用一次之后因撞击和摩擦等情况基本不能再次使用。

②地震：汶川大地震后全国上下都对地震的敏感度较高。如何为地震做生存设计？

地震灾害也有突发性和瞬时性的特点，在短短的十几秒之内，通过一项产品使人脱困是很困难的事。我们可以将目光移向灾后的延续生命设计。如

何延续生命？我们知道，在汶川地震中，很多人在地震当时没有受伤或没有受到致命伤害。他们被困在倾覆的建筑下动弹不得，所面临的生存问题是能否成功地坚持到救援人员到来。因此，我们可以设计一款针对被压在建筑之下等待救援的人所需要的地震备用箱，这将是一款在地震发生的前几秒人们必须首先抱在手中的箱子，也将是一个延续生命的神奇的生命箱。

这个箱子需要具备哪些特点？首先，它要能够存储足够的食物、水、哨子和其他简单的急救物品；另外它要能够对救援人员发出提示信息表明被压者的位置；同时，它要起到为被压者支撑起一个小型空间的功用。

那地震之后呢？主要是救灾物资的运送和受灾人员的运出问题。由于那时的地面交通几近瘫痪，因此我们大多用直升机解决以上问题。因此对救灾专用的直升机做一些特别的改良设计是很必要的。

同时，对于那些暂时不能被安置到安全地带，只能在临时搭建的棚子里集中生活的受灾群众，他们需要一系列的生存设计产品，而且这些产品设计的实用性是很强的。比如食品餐具问题，喝水安全问题，大小便问题，消毒人员的装备问题，取暖问题，精神问题以及安全问题。这一系列的问题都是该生存设计课题中非常实用而能体现人文关怀和创新精神的选题。

2.2 设计中的角色——主导者、参与者、影响者

2.2.1 好的角色分析是成功的一半

产品设计由委托客户提出，由使用者获得，设计师在委托客户与使用者之间扮演"转达"的媒介，委托客户和使用者是产品设计的直接受益者。除此之外，通过观察产品生命周期图表（图2-6），我们可以发现在一件产品完整的生命周期中，制造者、销售者与回收者也

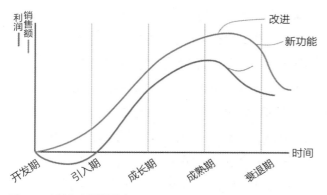

图2-6　产品生命周期图表
（来源：作者自绘）

同样会影响到产品设计的成功与否，是设计师在产品方案设计过程中应当加以研究关注的次要受益者。所以，设计任务的确立与设计师、委托客户、制造者、销售者、使用者、回收者等六种角色密切相关，每一种角色对产品设计的需求和制约都直接影响着产品设计终稿和产品生命周期的时长。所以说，好的角色分析是成功的一半。

如果进一步对上述六个角色进行分类，我们可以将设计中的角色分为三个大类——主导者、参与者以及影响者（图2-7）。

1. 主导者

所谓主导者是指设计方向提出和设计过程实现的角色。一般而言，委托客户受利益驱动或技术驱动，是整体设计方向的核心主导者。经由委托客户提出设计要求，设计师完成整体设计方案或设计策略的提出。具有长期工作经验的设计师往往对市场具有较为敏锐的前瞻性，对生活具有较强的洞察力，因此设计师主导着设计方案生成过程中的细枝末节。设计角色中的主导者影响着产品的整个生命周期。

2. 参与者

对于一件产品，最重要的参与者莫过于设计师和使用者。设计师参与了产品设计的全部流程，并在绝大程度上决定了外观造型、使用方式、性能功效，以保证产品的外观受到消费者（使用者）的喜爱，吸引其购买，促使其使用，为使用者提供最为适度的功能实现。

使用者群体则是产品最直接的使用对象，因其社会地位、身心需求、经济能力、使用需求左右了设计师对设计任务的最终定位。

3. 影响者

所谓影响者，是指与设计方案密切相关的角色。产品的生命周期由开发期、引入期、成长期、成熟期以及衰退期六个阶段组成，每一个不同阶段都有不同角色对设计产生重要影响（图2-8）。开发期以设计的委托客户、设计师和制造者为影响主体，他们共同决定了产品的生产成本、服务对象、外观造型、生产工艺、利润率等；在引入期和成长期中，产品的销售者和使用者为影响者主体，销售者决定了产品的营销方式和销量成绩的一部分，使用者

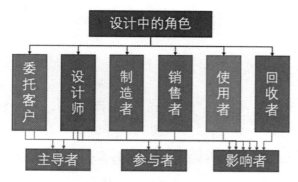

图2-7　设计中的角色类别
（来源：作者自绘）

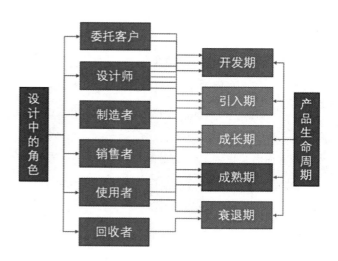

图2-8　设计中的角色对产品生命周期的影响
（来源：作者自绘）

则通过体验和反馈为产品树立口碑，向委托客户和设计师反馈直接的使用感受；在产品的成熟期，委托客户、设计师和使用者影响较大，通过大量使用者形成忠实客户，产品达到销量和利润收益的最高点，此时，具有敏锐眼光的委托客户会关注到其他竞争对手的同类产品获益方式，寻找延长产品生命周期的方法和途径，而受到委托的设计师则以丰富的设计经验和商业洞察力通过改良或提升附加值的方法对产品进行更新换代，巩固忠实客户；到了产品的衰退期，使用者往往对现有产品已经具备了大量使用经验，可以为设计师提供丰富的改良意见，转向新一代产品，对旧产品进行报废和遗弃，此时回收者成为了产品生命末期的重要影响者，如何实现零部件的分类回收，如何进行废旧部件的再循环、再利用，如何减少报废产品对生态环境的污染破坏，是设计师在产品开发期就需要投入精力的，也是通过回收者的信息反馈在产品改良或新产品开发过程中需引起关注的环节。因此，作为设计师的我们，要对产品生命周期中的每一个影响者进行剖析，以此真正实现"以人为本"的设计。

2.2.2 深入分析角色，接近设计本质

1. 分析委托客户——关注委托客户的利益驱动

委托客户进行产品设计的根本目的在于其自身的利益驱动，其相关利益有三类，第一点是收获经济利益，以此保证商业正常运营；第二点是实现技术利益，对新技术、先进技术的运用直接体现着企业具备良好的发展势头，获取更多利益伙伴和品牌粉丝；第三点是创造品牌利益，企业中的产品生产唯有形成品牌，在消费者中树立良好的口碑形象，才能够巩固使用者对其保持忠诚和信任。结合前文分析，委托客户处于设计中的主导者和影响者位置，对产品的开发期和成熟期具有直接影响（表2-1），一般情况下在其所处行业具有较高的前瞻

性。设计师在进行分析时，应当积极关注委托客户的经济利益、技术利益以及品牌利益，在设计中应当注重成本控制，结合先进技术，展示品牌基因，从而设计出能够代表委托客户企业形象与使用者进行"沟通对话"的优质产品。

委托客户的角色类别及其对产品的影响阶段　表2-1

角色	委托客户
类别	主导者、影响者
影响时期	开发期、成熟期

不同委托客户需求不同的产品档次、类型，面向不同的受众群体。所以，了解委托客户，分析委托客户的特点，是设计师确定设计定位前至关重要的角色分析工作。

（1）分析委托客户的成本需求

生产成本是设计投入的基础。设计师在投入设计之前，必须首先调研委托客户的成本需求。针对委托客户能够承受的成本范围选择设计方法、生产材料、制造技术以及包装、成形和后期回收的方法。

根据委托客户的投入，设计师应有的放矢确立设计的重点，如高成本投入则可以具有前瞻性的科技或材料为基础，创造新的产品使用方式，填补某一方面产品功能的空缺，如果低成本投入，则考虑如何结合现有的材料，结合成熟的技术条件，通过产品的形态、结构等感性方式改良现有产品的某些功能，或完善某些产品的使用方式。

（2）分析委托客户的技术需求

技术需求是驱动委托客户开展新产品设计的一个重要动机。因此，在进行产品设计时，设计师应该了解产品现有的技术研发能力，根据委托客户具备的新技术或期待运用的新技术展开设计，展现委托客户的技术实力。

从技术需求出发，为委托客户展开产品设计，其产品的形态可以有更多的主观性和前瞻性，设计师应该以展示科技性为主展开设计。

图2-9　Hunter制果巧克力委托项目，佐藤大设计

-举个例子-

近些年，佐藤大在中国设计行业中可谓"家喻户晓"，甚至传闻有"日本设计之神"的称号，在《佐藤大：超快速工作法》一书中，有如下关于委托客户与他本人进行设计沟通的案例。

Hunter制果是一家多年致力于手工打造复杂造型巧克力的公司，委托佐藤大为其品牌设计具有极致造型的标识性巧克力，佐藤大在书中这样说道："既然是要靠造型取胜，那么其造型必须是极难实现的。"佐藤大正是依据委托客户Hunter制果的技术能力进行设计，为其进行了十种造型难度相当之高的设计方案，最终，委托方成功制造出了其中九种，"这种'极限的挑战'最终激发了客户的企业潜力"。该系列巧克力（图2-9）于2015年成功发售，并在MAISON&OBJET上开设售卖专场。

-举个例子-

自动铅笔已经成为大多数人用来替代传统木质铅笔的选择，诸多文具品牌也在具有技术特色的自动铅笔设计方面不断研发，低重心自动铅笔、防断自动铅笔、笔芯随书写自动旋转铅笔，晨光、三菱（uni）、斑马（ZEBRA）等文具品牌，在不断革新技术从而实现功能创新的路上，也不断收获着良好的口碑和忠实的客户。

图2-10　CARBONARA Pencil

CARBONARA Pencil（图2-10）独辟蹊径，以难度相当的制作工艺结合科技材料，运用碳纤维材质制作笔壳，通过按压笔壳调节笔芯长度，笔芯与传统木质铅笔粗细相仿，为人们呈现出一支在外观造型上与传统木质铅笔相仿，在使用功能上与市售自动铅笔近似的书写工具。同时，碳纤维材质自身色彩呈灰黑色，质量超轻，使其在外观和产品属性上符合商务人士需求，实现

了与其他自动铅笔的差异化的亮点。

（3）分析委托客户的品牌需求

不同委托客户拥有不同品牌，有些实力雄厚的委托客户往往拥有多个品牌。设计师在分析委托客户的品牌需求时，要考虑品牌的特征、系列产品的特征、服务的使用者群体的特征等相关的"品牌基因"。不同品牌所具备的不同特征往往影响着设计的形态和功能，设计师在分析时，应对品牌所传达的企业文化进一步展开分析，了解品牌的服务宗旨，从品牌产品共同的造型特征、侧重的功能性质等展开设计。同时，设计师还应当对于委托客户品牌属性相近的竞争对手展开调研，以发掘品牌所具有的优势和设计机会，寻求设计差异性，占领设计市场。

–举个例子–

宝马汽车（图2-11）是国人耳熟能详的汽车品牌，旗下有数个不同系列的车型，从轿车、SUV到近年来逐渐兴起的跨界车型在市场中分布

图2-11　宝马系列车型（X1系列、3系、M2系列）
（来源：作者改编自网络素材）

较为均衡。在设计上，通过外观设计，其最有代表性的品牌基因就是品牌LOGO和双肾型的进气格栅，无论发动机、车身车型、内饰等结构和造型如何演变，在进行设计的过程中都良好地传承着重要的基因，能够迅速、直观地区别于其他品牌。

2．分析使用者——挖掘使用者的潜在需求

根据产品设计专业知识，产品的使用者往往分为新手使用者、一般使用者和专家使用者（表2-2）。

	使用者类型及其特征	表2-2
角色		使用者
用户类型	新手用户	尝试和学习产品的使用，若学习时间较长或频繁出错则可能会放弃。
	一般用户	经常使用产品，品牌忠诚度较高，比较了解产品，往往对产品的改良有自己的想法。
	专家用户	发烧级用户，对产品性能或相关技术烂熟于心，往往会成为新产品的率先使用者。

使用者在消费前希望能够以低廉的价格获取高品质的外观，最好用的功能或最全面的功能，这要求谋求利益的委托客户压缩成本，成本与品质之间的矛盾也是委托客户和使用者的矛盾。

对于设计而言，产品的外观、形态及核心功能是引起使用者消费的诱因。不同阶层的客户群有着不同的品位和价值观，探究客户群的相关信息予以分类有利于确定最具吸引力的产品造型及核心功能。

购买行为发生后，产品的核心功能成为使用者最为关心和需要的部分，使用功能的重要性超过了对外观造型的关注度，使用感受的反馈是对产品设计认可的最为关键的信息。

（1）认知层面的需求

龙生九子各有所好，每一个使用者的需求不尽相同，但是依据使用者所处的社会群体，我们往往可以以共性来对使用者进行群体的划分。根据马斯洛的需求层次理论，设计师可以将使用者群体分为生存需求型使用者群体（生理需求和安全需求），生活需求型使用群体（尊重需求和情感归属需求）以及美好生活需求型使用

群体（自我实现需求）。不同类使用者往往具有不同的世界观和价值观，在看待和认知产品的方面有所差异，需要设计师根据不同群体的社会属性、受教育程度、年龄阶段、社会地位、经济收入状况等多种因素，设计能被相应群体接受的外观造型和使用方式。

随着网络经济迅速发展，使用者作为消费者的身份在各大电商平台进行着产品认知、购买的行为，通过商品评论我们也可以对使用者认知产品的能力窥见一斑。同时，人作为一种群体生活习性的高级灵长类动物，极易受到周围同伴的影响，在电商平台的商品评论中我们可以感受到，商品使用者会极大程度受到其他使用者使用感受的影响，从而对产品的外观美丑、使用难易、性价比高低产生认知和共鸣，从而直接影响使用者对产品的喜好。设计师也可以借助商品评论挖掘产品痛点，以此来进行产品的改良设计或创新开发，获得潜在使用者。

–举个例子–

根据国家统计局与智研咨询研究结果显示，中国老龄化增长呈现加速趋势，其中独居老人和空巢老人成为老年人群体中的"主力军"（来源：中国产业信息网）。根据这一客观的社会现实问题，设计师应当敏感地把握住当前和未来的使用者群体，老年人会是一个越来越庞大的群体。无论是眼下，还是今后，"适老设计"都将是产品设计的重要课题。

老年人使用群体，在认知能力上有其独特性。以色彩和形态为例，由于年龄和阅历的增加，老年人更偏向于喜好成熟稳重的色彩的产品。但诸多设计师将适合于老年人的色彩仅定义在花灰、深灰、藏青、深棕等灰度高、明度低的沉闷色彩。事实上，当今老年群体当中有相当部分的老年人虽在身体机能上有所下降，其心理健康状况却不输于年轻人，勇于尝试探索新鲜事物，对生活怀有好奇心。

在色彩的选择上，这类老年人也对一些饱和度适中的鲜艳色彩有所喜好，如绛紫、枣红、祖母绿、绀蓝、驼黄等色彩。在对形态的选择上，老年人对具有"坚实感"造型特征的产品更加信赖，但这并不意味着老年人喜欢笨重的造型，相反，若在坚实、坚固感兼具的同时，产品造型符合流行时尚，也会深受老年使用者青睐。

在城市居民区中，我们经常能够见到老年人手推或手拉着带轮购物袋出入的场景，也会见到部分老年人灵活运用电动轮椅代步出行的场景。前者往往以橘黄、黄绿等较为刺目的颜色出现，由于老年群体对消费的认知以经济实惠为主，所以带轮购物袋往往在结构上给人单薄、粗糙的既视感。而后者则由于普通轮椅死板的结构所限，没有为老年群体提供更多的选择余地。在老年人代步购物车设计（图2-12）中，将孩童玩耍的滑板车与老年人的带轮购物袋进行了结合。在色彩上，以深花灰、炭灰作为主色，给人坚实和厚重感，在踏板和前轮中运用了绛紫色，丰富了产品色彩，给人女性化的色彩认知感受，在把手和后轮采用了亮橘色，为整体提色，打破以往认知中老年产品颜色的沉闷感。在结构上，滑板车的框架、前轮分别进行了加粗、加大，购物袋部分设计方正，使整体形态符合老年人认知心理对坚固感的需求。

–举个例子–

这个使用问题是我们每个人几乎每一天都在面临的设计问题——手机充电问题。梳理一下常规手机充电的

图2-12　老年人代步购物车设计

步骤，找到充电插头，连接充电线，寻找电源，将充电插头与电源接通，将充电线插入手机充电口，大约5个步骤。如果你并非低头族，可能只需每天在固定的位置完成插入插头的这个步骤，而如果你是低头族（绝大部分年轻人都可归为此类），在这五个步骤之后，你可能还需要为手机找一个合适的搁置之处，或者尴尬地端着手机留守电源旁。

早在100多年前，特斯拉率先提出了无线充电的概念。如今，无线充电终于成为了现实产品，无线充电座的出现不仅是科技在产品设计中的展现，同时也更符合人类认知本能，当我们看到无线充电座的形态后（图2-13），自然而然地能够理解其面积较大的圆形区域是我们搁置手机的位置，而我们搁置手机的动作相较复杂的传统方式，也更加顺手随意，符合使用者的一般行为习惯。

–举个例子–

在我们的认知习惯中，太阳照射到物体后，会

图2-13 Moa无线充电专家——符合认知本能的充电方式
（图片来源：普象网）

在桌面投下阴影。设计师利用了人们的认知特点，设计出一款造型简约又富有新意的桌面台灯（图2-14），其"阴影"部分在非使用状态下与白色球体形态部分形成一种光影关系的装饰效果，在使用时，是一个小巧的托盘。这一设计由设计师冯哲（Zhe Feng）设计，获得了2019年的A'Design Award。

（2）使用层面的需求

区分能用和好用。在产品设计得到空前重视的今天，"能用"已经不足以满足使用需求，人机工程学引入产品设计，让有智慧的人去适应无生命的产品这样荒谬的设计理念得到扭转，新时代的产品设计要符合人体的骨骼肌肉形态，适应人的操作本能，最好将使用功能在"无意识"的使用操作中得到最大化的发挥。设计师分析使用者在使用层面的需求时，除了了解基本的使用者的一般人机特征之外，还要了解使用者使用产品的时间，使用产品的环境，延伸使用者的肢体动作，最好做到在满足使用者本能习惯的同时扩展人的身体力行能力。

–举个例子–

市面上的坐凳产品琳琅满目，实木坐凳往往质优物美，但重量较大，力气较小的女性和孩子在挪动时不甚方便。而塑料坐凳由于工艺特性，一般成本较低，但外观易给人单薄的感受，使用寿命较短，且难以满足家庭中所用成员的审美需求。

"易拼得"超轻泡沫凳（图2-15）将使用者中女性和孩子的使用需求作为关注点，运用"平板化"设计理

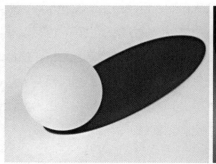

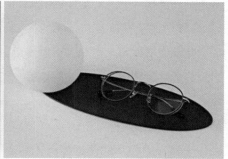

图2-14 阴影灯

图2-15　适合女性和儿童的"易拼得"超轻泡沫凳（作者：天津财经大学艺术学院　张帆）

图2-16　酱油瓶设计——荣久庵宪司（来源：好奇心日报）

图2-17　方便换水的鱼缸设计——Ma Xiaoqi和Ma Zhe

念，将座面和凳腿部分进行了结构拆分，转化方便平板运输的拼装结构，在材质上将高密度泡沫与超轻合金结合，设计出颜色多样、形态美观、便于拼装的超轻泡沫凳，既方便女性和孩子群体进行拼装，也符合二者审美，是一次以使用者视角进行的设计实践。

-举个例子-

1961年，荣久庵宪司为龟甲万公司设计了一款餐桌酱油，并从此在日本声名鹊起。原因就在于他所设计的餐桌酱油瓶解决了使用者长期以来使用酱油瓶的困扰，真正为使用需求进行了设计改良。在这款设计问世之前，日本酱油瓶长期保持1.8升装的笨重瓶体设计，一旦倾覆会洒得到处都是，令使用者感到十分不便。再经过数次模型试验后，我们看到了现在瓶口内侧稍向内倾斜的红色瓶盖、小巧玻璃瓶身的酱油瓶设计（图2-16），为使用者带来了既美观又便利的全新酱油瓶。

-举个例子-

使用者群体可大可小，有些使用者由于其共同的爱好成为了需设计师关注的群体。如何关注到小众群体的产品需求，还需设计师有一双敏锐的眼睛和一颗细腻温情的心。

这款方便换水的鱼缸设计（图2-17）来自设计师Ma Xiaoqi和Ma Zhe，通过在司空见惯的球形鱼缸上增加了一个小小的附加球形空间，使养鱼爱好者摆脱了每次给鱼缸换水都需要捞鱼的麻烦，换水这一鱼缸使用的必要步骤从此变得简单轻松。而为了解决这一烦恼，增加的形态部分又使得鱼缸有了更加新颖的造型感，一举两得。该设计获得了2019年红点奖。

（3）审美层面的需求

如同造物是人类的本能一样，审美能力也是人类与生俱来的。对于设计师而言，了解使用者的审美需求，能很大程度地提升产品的附加值，同时也能辅助认知功能和使用功能实现。审美层面的需求又可以分为两个方面，一是在外观设计过程中体现色彩、形式的美观感受，二是更进一步的象征意义。

随着物质世界的丰富，现在的商品市场中，无论是服饰、鞋帽，还是家具、家居，以及日用产品，外观已经非常丰富，使用者对审美的体验正在逐步地从美的需求提升到象征意义的需求。在对产品的审美层次进行设计时，设计师可以放眼自然，运用仿生的设计方法，进行形态的仿生、功能的仿生、材质的仿生等。也可以观察和了解人文社科，去学习和改良某些艺术风格，如包豪斯风格、结构主义风格、明清风格、民国风格等。象征层面的需求不仅能够提升产品的审美层次，也为设计师提供了更加广阔的空间和素材。

-举个例子-

随着家庭收入的提高，大部分年轻家长越来越舍得在婴幼儿玩具上投资，婴幼儿玩具市场可谓百花齐放。然而其设计品质却良莠不齐。以婴幼儿穿绳玩具（图2-18）为例，箭头左侧的穿绳玩具将诸多水果、动物图片作为组成单元，以平面化图案与纯色积木块进行贴面组合，锻炼幼儿精细动作，运用了较为简单的平面化简笔画设计方式，造型特征符合常见婴幼儿玩具的审美习惯。而箭头右侧，同为穿绳玩具，PlanToys穿绳玩具却运用了难度更高的仿生设计方法，将组成单元以形态切片的方式通过穿绳连接形成仿生形态，在整体的造型上构成一只肥嘟嘟的小绵羊。当抽出羊头单元所连接的穿绳结构后，我们看到在每一个切片的圆孔处都运用了便于婴幼儿识别的鲜艳色彩，穿绳本身也由鲜艳色彩的串珠构成，充满了童真童趣。由于婴幼儿玩具设计对安全性要求很高，我们可以在产品外观看到玩具整体采用木制材料，使发生购买行为的成年家长能够在看到该产品的第一印象中，生成美观、环保、安全的审美感受。两件玩具经对比可以看出，随着产品设计的不断发展，设计师对产品审美的设计也在不断提升，从单一的形式美逐步向功能美、生态美等方面提升，满足消费者和使用者不断上升的审美需求。

–举个例子–

阿莱西公司在之前与台北故宫博物院成功合作推出"清朝家族"系列小家居用品之后，又把中国的生肖文化和风俗文化加以借鉴，推出了"香蕉小子"系列产品（图2-19），在瓶塞产品中将中国文化"三不猴"中的"不看""不听""不说"直观

予以趣味化造型，能够引发中国使用者的文化认同感，以及国外使用者的好奇心，而且这种童趣化的造型和色彩也很有可能得到儿童的认可。一方面吻合阿莱西品牌一如既往的色彩风格，另一方面又提升了产品的审美层次，具有了一定的象征功能。

近年来文创设计方兴未艾，越来越多的设计师和研究学者投身其中。中国文化源远流长，形式多样，但国内文创设计起步较晚，因此，在越来越多的文创产品设计问世的同时，我们也看到了越来越多粗制滥造的设计，有许多设计师生拉硬搬地将文化元素拼贴于产品外观之上，不仅称不上文创设计，甚至让非设计行业的使用者贻笑大方。

但是，也有越来越多的设计师究其文化根源，设计出新颖、美观、文化特色浓厚的文创产品，获得委托客户的青睐将其商品化销售。

–举个例子–

"寻根之旅"游戏棋（图2-20）就是一次成功的文创设计实践，设计师将山西洪洞县根祖文化与中国文化相结合，设计成一款老少皆宜的游戏棋，让使用者在游戏娱乐的同时，感受到中国文化之美、根祖文化之美。这种审美较之形式美而言，还包含了更多的文化功能和象征意义。

为了最真实地了解使用者的潜在需求，设计过程中可以使用如下方法。

①了解目标客户群，确定不同客户的主要相似点，设定最具特征和代表性的虚拟使用者。

②了解目标客户群的环境（包括文化背景、工作环境、生涯经验等）属性，创建情景故事板，不同客户之

图2-18　婴幼儿玩具的审美差别对比
（来源：作者改编自网络素材）

图2-19　Alessi香蕉小子系列产品

图2-20　"寻根之旅"游戏棋——山西洪洞大槐树文创设计（作者：天津财经大学艺术学院　刘元寅）

间相似的使用特征和使用习惯。

③打动目标客户群，在可能的情况下融入情感化设计，可以通过同类产品研究或者相关产品系列的研究找到能与目标客户在精神上产生共鸣的使用功能或使用方法。

3. 分析设计师——服务于产品设计中每一个角色的中间媒介

设计师是连接委托客户和使用者的中间媒介，产品则是设计师用以沟通双方的语言。设计师在完成每一项设计时，一方面要运用注入品牌DNA的设计符号表达委托客户的品牌个性和技术特点，一方面要借助适当的产品语意召唤使用者的眼睛，促使其购买，获得满意的使用反馈。同时，设计师服务于产品的整个生命周期（表2-3），在每一个时期，设计师都应当敏锐地洞察设计中的其他角色，不断发现可改进之处。

设计师的角色类别及其对产品的影响阶段　表2-3

角色	设计师
类别	主导者、参与者、影响者
影响时期	整个产品生命周期

（1）设计师让产品说话

无论是委托客户的推广诉求还是使用者的购买欲望，都会在使用者手中的产品上得以体现，设计师决定了产品发挥作用的方式。

①体现委托客户期待的效果，其中包含成本、功能、品牌文化等。

不同委托客户具备不同的技术特征，设计师需事先对委托客户的产品线有所了解，分析和整合技术特色，不同的技术特征会影响产品材料的选择，加工方式的选择，成本和利润的关系。

设计师在产品设计的过程中，需要充分传递和体现委托客户的品牌DNA，通过对产品线的研究，在新产品设计中运用恰当的视觉符号来体现品牌DNA，延续产品线整体的外形特征和形态属性，与设计潮流相结合，在产品的材质和造型中融入创新性。

设计师在调研过程中，应该分析和明确委托客户的目标客户群，运用符合潮流时尚的产品创新设计获得目标范围中新用户的好感，延续产品线的共同特征巩固老用户的忠诚度。

-举个例子-

在前些年，每当苹果（Apple）公司新产品发售，都会在当天的新闻头条看到国内各大门店前如龙的长队。苹果公司的成功离不开其前任首席设计师乔纳森·艾维（Jonathan·Ive）（图2-21）对公司品牌建设作出的巨大贡献。

苹果公司曾经对产品设计并不重视，在艾维加入苹

图2-21　前任苹果首席设计师乔纳森·艾维（Jonathan·Ive）

图2-22　"无意识设计"的提出者——深泽直人

果后，始终致力于将产品的用户体验做到极致，扭转了设计在产品生命中的比重，使得苹果手机成为了无人不知无人不晓的经典产品，并多年雄踞手机销售市场第一的霸主地位。

艾维当家苹果公司期间，公司工程部、销售部、广告部都与设计部密切沟通，一切以设计先行，为苹果公司树立了从广告设计、视觉设计到工艺技术都实现良好用户体验的品牌形象，达到了通过设计实现品牌产品与使用者对话的目的，为苹果公司赢得不计其数的狂热粉丝。

②赢得使用者的信任，促使购买行为发生。

每一件产品都有自己的特定消费群体，不同的消费群体因为生活环境不同、文化差异、职业差别、年龄层不同，都有独特的产品使用方式。所以，设计师必须在设计前期确定目标客户群的共性与个性，才能对产品的结构和功能进行权衡和设计。

设计师收集的客户特征反映在产品的外观设计中应该是视觉化的抽象符号。运用目标客户群熟知的或感兴趣的视觉语言吸引他们的关注，引发产品的试用，体现和迎合目标客户群的使用习惯，使产品的核心功能与创新之处不言自明。

–举个例子–

日本知名设计师深泽直人（图2-22）是"无意识设计"的提出者，其理念核心为"将无意识的

行动转化为可见之物"。深泽直人关注人们生活中的细节，他认为无意识设计并非真的没有意识，而是使用者尚未意识到的使用需求，通过对细节的关注，将人们日常中的一些"无意识"动作与设计中的动作行为进行联系，使经过设计的产品在使用中更为合理、顺手。

在深泽的设计中，无印良品（MUJI）的CD播放器似乎已经成为设计界家喻户晓的"无意识设计"经典，而更多经深泽设计的产品，虽在外观上并不华丽，却使人在无意之间能够感受到其设计魅力的所在，真正体现了设计师运用符号语意使产品与使用者进行对话。例如，在伞把上加一个小小的凹槽（图2-23），就足以使我们日常在伞把上挂东西的下意识行为变得更加方便顺手。

图2-23　带凹槽的伞——深泽直人
（来源：设计癖）

（2）设计师为产品锦上添花

设计师是所有角色中最具有创新力和洞察力的人，准确化解委托客户和使用者之间的矛盾，提供高性价比的产品是设计师的基本任务。在未来的设计中，设计师必须脑洞大开，为普通的商品融入艺术性和前瞻性。

设计师需要通过外观设计的个性化体现和提升委托客户的预期效果，提高使用者的好奇程度。设计史为设计师提供了多种表现手段：现代主义、未来主义、后现代主义、解构主义等，这需要设计师的脑中有一个"弹药库"，各种具有代表性的产品类型都在其中，关键时刻加以运用创新，做到"弹无虚发"。

设计师能够通过外观设计提升产品的审美价值。除了基本的色彩、形态、结构、人机工程学等必要的可视因素，体现象征意义使产品的美更有底蕴。越来越多的产品设计开始注重对传统文化的传承和融合，这也是时代发展速度过快给人们带来的"怀旧需求"和放慢脚步认真生活的渴望。

–举个例子–

诸多设计学习者在初学产品设计专业时，都会着眼于产品的外观设计甚至是一部分平面设计，对于初学者而言，先进行图案的设计改良或外观的视觉传达部分是一个很好的出发点，利于建立学习兴趣，同时也是有利于设计师进行审美能力提升的训练。产品设计外观的视觉审美也是产品上市后给予使用者直观的第一印象，对于吸引消费具有极为重要的作用。

传统的马扎常见于粗糙的竹木原材制作，或军绿色漆涂铁艺框架与厚军绿色帆布条制作，其样式普通，与审美似乎不太沾边，若硬是要与美扯上关系，恐怕要用"原生态""质朴"等词汇强加其上。Painting Stool（图2-24）将坐面与画布相结合，使得原本简陋的部分具有艺术审美价值，运用马扎折叠的"X"形框架与画框进行比较设计，赋予了

马扎全新的生命力，让使用者在使用之时能够感受到框架部分的精工细作和坐面部分缤纷的艺术魅力，在非凭倚使用时，能够折叠收起，形成一幅有框装饰画挂在家中墙面，进行艺术欣赏，让一件原本普通的产品成为了家中具有极高审美价值的亮点所在。

4. 分析制造者——用量化数据收敛设计边界

委托客户提出抽象的设计想法，使用者提出使用的不满和期待，设计师运用感性的造型语言为两者进行沟通，而制造者则以理性的技术解决方案将设计师的方案转化成为可以直观感受和体验的真实商品。

设计是一门独特的学科，它并非艺术，但需要设计师具有艺术家般的审美能力和造型能力。它并非科学，但需要设计师完成符合工程要求结构设计，实现产品的批量化、标准化。分析制造者的技术要求和结构数据，有利于设计师积累结构设计经验，无论是设计的形态、外观、色彩都有理性的人机工程学参数、物料加工工艺、标准色卡等严格的制造数据，对制造者进行角色分析，有助于设计师收敛创造性思维的发散边界，设计出符合生产要求的新颖产品。

5. 分析销售者——站在提高销量的角度看设计

销售者是通过销售产品获得利润报酬的角色，直接影响着产品生命周期的引入期和成长期（表2-4），好的营销过程可以提高产品的市场占有率。我们在分析销售者时，可以从如何设计产品的视觉周边设计来帮助销售者进行宣传出发。所谓视觉周边设计，包括了包装设计、广告设计、说明书设计、展示设计等，在以往的认知中产品设计师无需参与视觉传达设计，但从设计角色

图2-24　Painting Stool
（来源：Yanko Design）

的角度进行设计选题分析，关注销售方式也无疑成
为了产品设计的一部分。充分的设计一方面能够提
高产品进入市场后吸引眼球的程度，另一方面亦可
以作为产品的附加值产生更多的利润。

销售者的角色类别及其对产品影响的阶段	表2-4
角色	销售者
类别	影响者
影响时期	引入期、成长期

事实上，包装的设计和周边的设计往往是一种
无声的推销语言，能够让使用者感受到产品精良的
设计细节或是更具有新奇的特征元素，引得使用者
的主动探寻，同时也能够开发销售者的宣传思路，
为其提供更丰富的宣传素材。

–举个例子–

绝大多数销售者在展示和宣传产品时运用营销
理论和销售经验。设计师应从共情的角度对销售人
员进行角色分析，在设计中关注产品设计的周边问
题，比如销售过程中产品展示如何引人注目，销售
者进行宣传时产品包装有何亮点或话题性，产品在
外观造型上有何能够引起话题的新颖之处等。若能
在设计之初就设想到销售者的产品营销过程，设计
师或许能够在一定程度上运用设计语言为产品设计
增加助益营销的"表情"，有助于产品的推广，为
销售者提供更多在宣传过程中可以加以利用的设计
点，吸引潜在使用者产生尝试和使用的兴趣，扩大
销售对象群体。

设计师Christopher Stanko设计的水果茶包
装中，将水果茶中的水果原材料作为设计灵感，为
每一种水果茶进行了独特的包装设计，通过观察包
装，使用者可以直观认识到水果茶的口味，从色
彩、形态上吸引了消费者的眼球，可作为宣传亮点
为销售过程加分（图2-25）。

图2-25 T2 Mini Fruits水果茶包装设计

6. 分析回收者——设法提升产品的"生态"价值

"绿色设计""低碳设计"以及"可持续设计"是近
年的主流趋势，设计师自然有责任和义务在产品生命周
期结束时做个漂亮的收尾（表2-5）。从回收者的角度
出发去思考产品的材料、结构以及加工方式能够让"废
料"回收更为充分，并且运用到新一轮的设计或其他实
用场景中，达到"旧貌换新颜"的作用，实现资源的合
理回收利用。

回收者的角色类别及其对产品的影响阶段	表2-5
角色	回收者
类别	影响者
影响时期	衰退期

"可持续设计"已经不是新鲜词汇，而是设计师实
实在在的责任之一。"回收者"是一个较为复杂的角
色，可能是一个个体、一个群体、一种机器等。设计师
在分析回收者时，应该站在"未来"的角度，设想产品
生命周期的末端，即报废之时，可能有哪些结构是可以
回收的，运用何种材质是可以再次利用的，什么样的
设计能够减少产品在报废时造成的资源浪费，努力的
提升产品的"生态价值"，从绿色设计的3R原则——
Reduce（减量化）、Reuse（再利用）、Recycle（再
循环）出发，在产品生命开始之前进行规划。

–举个例子–

作为设计师，可以转换一种思路去思考问题，比如
在资源本就匮乏的地区怎么充分地利用一件产品中的所

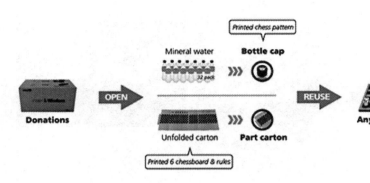

图2-26 为非洲地区儿童进行的玩具设计

有材料，在产品的使用过程中充分考虑对产品包装等配件进行功能设计，将原本在衰退期进行回收利用的资源变废为宝，在产品开发时期就充分设计，以便为资源匮乏地区的使用者创造福祉，减少浪费。

在联合国援助非洲饮用水的一项设计中，包装饮用水的水瓶和运输水瓶的包装箱被设计师充分设计，展开的包装箱上绘制棋盘格，水瓶的瓶盖上印刷象棋的符号，在运输水源的功能之外，这些包装材料可以用来供当地资源匮乏的儿童利用玩耍，从另一个方面帮助了非洲儿童，也减少了非洲地区回收垃圾的成本（图2-26）。

2.3 把设计好产品作为目标

2.3.1 好产品

本章的第一部分说过选题的纵向分析好比树的主干，树根即是面向市场销售的商品，一件产品能够成为商品首先已经通过了制造者这一角色的验证，在引入市场时还应符合使用群体的认知特征、消费水平、使用需求、审美能力，才能得到销售者和使用者的认可。

对于设计师而言，对好产品的定义应该从以下几方面入手：

设计符合使用群体身心特征的产品，能够让使用者在看到产品外观形态的第一时间，对产品产生认同感。

控制符合目标消费者购买能力的产品成本，让使用者能够以合理的价格获得喜爱和适合的产品。

–举个例子–

老人和孩子是使用者群体中较为需要特别关注的群体。以老年手机设计为例（图2-27），老年群体的手指灵活度降低需要使用较大的按键或图标避免误操作，视力减退需要更大的字体和亮度反差更大的色彩才能清晰识读，记忆力减退需要更为简洁的菜单以及更通俗易懂的词条提示方便使用操作等，当老年群体选购手机时，能够满足诸如此类功能需求。同时，老年人喜好沉稳成熟又能够符合时代的造型设计，因此，我们在电商平台中能够看到更多符合老年群体需求的诸如三防直板手机、带SOS功能的翻盖手机、大图标触屏手机等专

三防直板手机   带 SOS 功能的翻盖手机   大图标触屏手机

图2-27 专为老年人设计的手机
（来源：作者改编自网络素材）

门针对老年群体特殊需求的手机产品，通过销量和消费者评价表现出了老年人对其的认可和喜爱。

充分为目标使用者进行用户体验设计。ISO 9241-210标准将用户体验定义为"人们对于针对使用或期望使用的产品、系统或者服务的认知印象和回应……包括情感、信仰、喜好、认知印象、生理和心理反应、行为和成就等各个方面"。设计师应将使用功能看成是人与产品和使用环境交互的完整过程，让使用者在使用过程中顺利操作并达成预想中的目的。

–举个例子–

扫地是所有家庭日常家务之一，在传统的清扫方式中，一把好用的扫把能够让使用者得到"易清洁干净""扫地过程变快了"等便捷的使用体验，因此对于传统的扫把而言，手柄的长短，手柄的轻重，手柄与刷头之间的夹角，刷头的材质，刷头的宽度等诸多因素会影响使用者的感受。在机器人越来越普遍的时代，扫地机器人（图2-28）的出现能够在一定程度上减轻使用者的家务劳动量，取代传统的清扫方式自行完成扫地工作，有一些高端产品能够在结束清扫后自行回到充电座完成充电过程，这种新的扫地方式的出现，让使用者有了更为良好的使用体验，解放了双手，并缩短了人为家务的时间。

充分考虑目标使用群体的社会背景和文化背景，设计符合其审美能力的产品造型。设计师一方面应当在设计产品造型时体量使用者对美的欣赏能力，一方面也应当主动承担起引导审美的责任。如果使用者能够获得良好的审美体验，对产品的认可度会提升，使用的愿望也会增强。

–举个例子–

经济能力提升之后，生活质量提高带来了身体强壮，但同时也容易因为对度的把握不准为健康带来一定的负担，眼下大众对自身健康的注重程度明显提高，健身锻炼、食疗、均衡营养等都成为了关

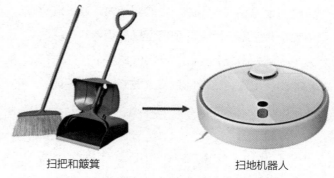

扫把和簸箕　　　　　　扫地机器人

图2-28 "扫地体验"的变化
（来源：作者改编自网络素材）

图2-29 蝴蝶翩翩茶包设计

注的热点，越来越多消费者将投入在甜味饮料上的消费转移到了对水和茶类饮品的消费上。饮茶的过程是一种体验方向的过程，当茶包在带来方便的同时也往往欠缺审美体验，在设计中，越来越多趣味化的茶包设计就能够体现审美感受对使用者的影响。

蝴蝶翩翩泡茶包（图2-29）利用了仿生设计，结合产品的结构使茶包的手持端能够卡在杯口，一方面解决了手持的纸签容易掉进水中的使用不便，另一方面给使用者美的联觉效应，甚至提升了茶饮品的芳香程度。

2.3.2 好产品好看

俗语云"中看不中用""不可貌相"，但是在今天竞争激烈的设计市场中，好产品应该好看。

使用者先看到产品后产生购买行为，通过观察和体验学会使用产品。外观造型是使用者对产品先入为主的第一印象，因此，产品的材料、形态与产品功能的系统性，给使用者带来或新鲜，或平庸，或质疑的感受，从而影响其选择。

-举个例子-

日本设计工作室oodesign巧妙借鉴自然界中轻巧的植物漂浮在水面激起涟漪的场景，运用PET材质良好的透明度和可塑性设计制造了oodesign漂浮花瓶（图2-30）。这一设计与自然现象相吻合，容易让使用者产生亲切感。只要借鉴得巧妙，这种方式也会让产品具有新鲜感。

材料、形态与产品主题具有冲突性，会使人产生新鲜感，但又要把握尺度，避免冲突所造成的不适。

-举个例子-

菲利普·斯塔克是著名的"怪才"设计师，常常以出人意料的造型为大众带来具有创新性的产品，引发热议。"外星人"榨汁机（图2-31）是产品设计行业耳熟能详的产品之一，它的材质、形态与产品核心功能之间的巨大差异，让榨汁产品变得富有趣味，别具一格。

如果人机界面中可视化符号语意能够准确符合语境，各种操作标识符合格式塔原理和系统化设计的要求，通过尝试能够让使用者快速理解操作方法和操作步骤，也会给使用者带来"好看"的感受。

-举个例子-

越来越多的概念产品会选择扁平化的智能操作设计，人机界面的设计尤为重要。在设计人机界面时（图2-32），直观而熟悉的视觉符号，适应一般习惯的区域划分，颜色变化的提示都能够方便使用者，让使用者迅速了解和掌握未来产品的操作方式。

有时，人机界面也可以通过不寻常的方式来实现。

图2-30　oodesign漂浮花瓶

图2-31　菲利普·斯塔克的外星人榨汁机

图2-32　Onurhan Demir为伊莱克斯实验室设计的未来产品

图2-33　深泽直人为
三宅一生设计的腕表

-举个例子-

深泽直人为三宅一生设计的腕表（图2-33）
一反常态，将我们日常习惯的表盘指针省略，巧借
12边形的内角代替指针，同样能够达到语意的指
示目的，同时也为使用者带来了视觉上简洁、新奇
的享受。

在操作实验中，对于正确操作的反馈和错误
操作的包容度会提高用户体验的舒适感，这种反
馈和包容可以通过视觉、听觉、触觉等多种感觉
共同形成，从而在使用者心理上巩固"好看"的
感受。

2.3.3　好产品好用

都说"物尽其用"，能够正确发挥使用功能的
产品才好用。好用的产品应当引发使用者的本能操
作，这往往需要使用者看到了生活中已经形成认知
的操作界面，能够运用经验和知识在没有说明书的
辅助下开始操作流程。

为了体现产品好用，核心功能的设计尤为关
键，就像每个大量写字的人首先会关注笔尖的顺滑
程度，墨水的流畅程度，握笔的舒适程度，每个使
用剪刀的人都会首先关注刀片的锋利程度，咬合处
的张紧程度，手握处的省力程度。这些核心功能是

否好用，在于设计师对细节的考量。细节决定成败，核
心功能的细节尤为重要。

-举个例子-

常见的书写工具——笔以圆柱状笔杆为主，如果长
时间书写，握笔的手指会疲劳不适。因此，抓握部分如
果能够根据正确握笔时手指的状态调整笔杆的形态，将
有效地缓解手指的疲劳。设计师为了进行如是设计，需
要多加观察，将细节处的使用方式运用合理的方法进行
捕捉模拟，结合恰当的材料、适合的形态为核心功能进
行合理设计（图2-34）。

长度 140mm，直径 17.5mm，重量 21.3g

图2-34　pelikan百利金三角扭转钢笔

-举个例子-

对于常人而言，交通信号灯往往是通过颜色辨识指
示功能的，但是色弱色盲却因此而苦恼不已。Unisignal
的三位设计师专门为了这一容易产生误读的不足进行了
改良（图2-35），由原本的颜色指示提升为颜色+形状
指示，一定程度上降低误读性，提升便捷性。

有些时候产品功能复杂，说明书必不可缺，在遇到
操作困难时，如果能以图文并茂的简练说明让使用者迅
速上手，完成使用过程，说明产品的功能设计和外观设

图2-35　Unisignal设计的色盲友好红绿灯

计依然是简单易懂，依然会获得"好用"的肯定。

－举个例子－

在产品角色分析过程中，我们分析了委托客户和使用者对于一件产品设计的重要性，体现在产品设计过程中，反映出设计师对产品整体性的设计思考。说明书是委托客户宣传和介绍品牌的图文工具，是使用者加深对产品使用方式了解的图文助手，因此也是设计师在设计产品中应当加大关注力度的部分，是设计师传达设计理念的一种手段，更是弥补设计无法表现的图文"语言"，清晰的图文说明书（图2-36）能够直观快速地帮助使用者了解和掌握产品的正确使用方法。通过字体的差别化、图片排列的逻辑性，以及版式设计的条理性引导使用者迅速获取产品使用的相关信息。

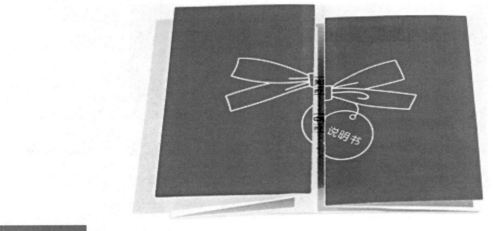

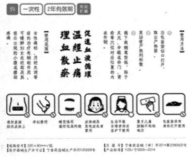
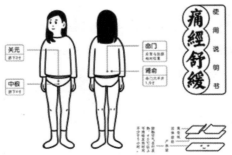

图2-36　"痛经舒缓"使用说明书设计 设计师：Matto Lau

2.4 大胆怀疑让一般产品变好，让好产品更好

2.4.1 对静止的产品展开怀疑——产品是功能的载体

产品的使用功能是产品的核心要素。早在包豪斯时期，功能主义建筑师路易斯·沙利文就提出了"Form Follows Function（形式追随功能）"。功能通过产品可见的形态、材质、色彩，以及外露或隐藏在造型之下的结构和部件的物理性质或化学性质来实现（图2-37），功能的好用性和易用性与以上各要素息息相关。对现有产品设计合理性展开怀疑就可以从产品的静态因素着手，逐一进行深入分析。借助创新设计方法中思维导图法、九宫格法、雷达图、缺点列举法、希望点列举法等多种发散思维的方法来推动怀疑过程的进行，在怀疑过程中提出的疑点和问题越多，往往就能够找到越多的设计痛点所在。

-举个例子-

以"座椅设计"为例（图2-38），"椅"是承载着"坐"这一功能的一类特定产品的统称。我们从产品的静态因素——形态、材质、结构、色彩部分出发加以分析，以思维导图（图2-39）的方式进行罗列，可以看出，为了实现"坐"这一功能，"椅"可以运用方、圆、球、圈、全包围、半包围等多种形态实现，使用软、硬、光滑、粗糙、冷、暖等多种材质进行加工，添加扶手、滑轮、脚踏等不同结构部件来提升"坐"这一核心功能的舒适程度，并且可以搭配冷、暖、深、浅、明艳、素雅等多种不同的色彩来装点，满足具有不同审美需求的使用者。

当我们分析得到了多组相关数据之后，作为设计师，就可以有选择地对其中某些要素的某种特征

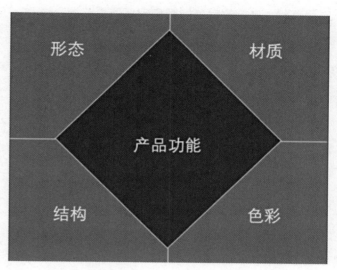

图2-37　产品的静态因素
（来源：作者自绘）

图2-38　以"椅"为例的联想和怀疑
（来源：作者根据网络素材改编）

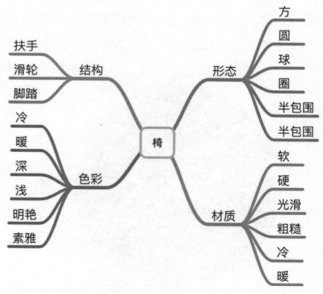

图2-39　"椅"的静态因素思维导图
（来源：作者自绘）

展开怀疑，进行改良、推翻和创新的再设计、再加工。

2.4.2 对动态的使用过程展开怀疑——产品在使用中体现价值

在产品世界中，几乎每一类产品都会存在多种不同的静止状态，其目的在于满足不同的使用者群体及其所处的不同环境。因此，产品总是与使用者的使用方式和使用环境共同组成一个动态的产品系统。

在系统中，使用者是最具有变化性的，这是由于人具有社会属性，人的生活习惯、身心需求、行为特征发生变化，都会导致社会中与产品相关的因素发生变化，从而带来使用需求和使用环境的变化，此时，设计师就需随机应变地改良、创造新的产品来满足使用者新的需求，适应使用环境发生的微妙变化。因此，完整的产品系统同时也是一个动态的系统（图2-40）。

我们谈到使用者时用到了目标客户群这样的词汇，所谓目标客户群是指符合某些既定条件，具备某些既定属性，处在某种既定环境的使用者群体。因此，对产品所处的整个系统产生怀疑，可以从条件（职业技能、学历背景、薪资收入等）着手，可以从属性（性别、年龄、健康状况等）着手，也可以从环境（社会性质、地域文化、地理文化等）着手，这些因素决定着使用方式和使用环境，直接影响着产品价值的体现程度。

–举个例子–

回到前文的"座椅设计"这一题例当中，就我们在图例中看到的座椅，可以看出，产品所针对的动态变化的使用群体，我们可以从产品的角度出发去还原动态变化的历史，如"龙椅"，是中国历史发展中与使用者群体——皇帝所使用的产品，从其静态要素中可以看出当时"龙椅"形态庄重，材质奢华，结构采取左右对称，附有靠背、扶手以及脚踏，色彩华丽，象征着皇权与九五之尊的尊贵和威严。而随着人类思维的变迁进步，社会的发展变革，这一载体逐渐成为了博物院中的藏品，不再被沿用。

同样的，我们也可以从历史发展的角度去看产品的变迁，以"明式圈椅"为例，明清时期是中式家具发展的一个高峰时期，实木材料的加工方式，榫卯结构的连接形式，以及天圆地方、正襟危坐的思想观念淋漓尽致地展现在明式圈椅之中，至今，明式家具仍拥有一批忠实的使用者和收藏者。

认真观察和分析当今使用环境的特征，节约型材料和可再生材料逐步取代实木材料，新的加工工艺能够在造型中出现更多的变化。再来使用群体的转变，随着使用群体知识水平的提升和经济能力的提高，对国外家具设计了解越来越丰富，对家具舒适度要求越来越高，所以，"新中式"在沿袭传统家具的过程中逐渐适应新的使用群体和使用环境，衍变出更多新的式样（图2-41）。

2.4.3 大胆设问，寻找方向

对现有产品和现在的使用方式提出问题，比如"如果不这样，会怎样？""如果从这样变成那样，会怎样？""如果不这样，有什么可以替代呢？""在这样的环

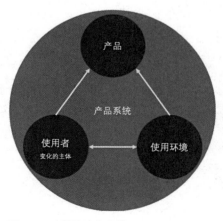

图2-40　产品的动态系统
（来源：作者自绘）

明式圈椅　　　　　　"Y"形椅　　　　　　新中式座椅

图2-41　产品的动态变化——从传统到现代
（来源：作者根据网络素材改绘）

境中有没有更适合的方式？""这样的环境中有没有制约使用方式发生的负面因素？"等，尽可能从横向的发散到纵向的递进不断提出新问题，还可较为系统地运用5W1H设问法或奥斯本九步设问法等找到解决问题的关键点。唯有在大胆提出问题后，才能够找到解决问题的方向。

在经过前面对设计中角色分析后，我们可从产品自身的生产、营销、工艺、使用、回收等方面逐一进行设问，避免遗漏，最大化地发现产品可供改进之处。

–举个例子–

缝衣针的设计似乎在几代人中都没有过改变，我们已习惯了狭缝大小的穿线孔。如果借用奥斯本九步设问法中"能否变形？""能否用其他材质代替？"或许早会有令人眼前一亮惊呼"原来如此"的好设计产生，设计师Zhuo Qingqing改良设计的彩头缝衣针（图2-42）用颜色亮丽的弹性材料替代了原本金属的穿针孔部位，使得缝衣针的识别和串线都人性化起来，该项设计获得了2018年红点设计奖。

–举个例子–

低碳经济是时下非常热门的话题，针对低碳时代的到来，设计师也总是能够大开脑洞畅想各种倡导低碳生活的产品形式。

以生活耗电为例，电器产品的耗电并未总能通过电器显示，有时在电器非工作状态下仍在低功率耗电，设计师可能会提出这样的问题——怎么能知道产品有没有低功率耗电呢？如果用电器已经停止工作，能用什么方法提醒使用者电源仍有电流输出呢？于是就有了Enlighten插排（图2-43），通过LED灯达到提醒作用，如果想要不拔掉电源切断电路，只要按下突出的部件即可。

当然，反过来我们也可以再次提问，为什么坂茂的卷纸没有在市场中大行其道？方筒在生产时会提高成本吗？设计往往就隐藏在问题之中。

在观察日常事物时，设计师应该时刻保持这种善于发现问题、提出问题的好奇心。同时，当一个问号产生时，也应该利用设计语言尝试回答问题，或许一个新的设计就会跃然纸上，真正解决生活中的实际问题。

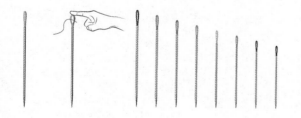

图2-42　穿线孔可变形的彩头缝衣针

图2-43　Enlighten插排

第**3**章

知己知彼——
产品设计调研

3.1　引子

在设计体系中，设计调研作为产品设计流程中必不可少的环节，甚至是极其重要的一个环节，是设计师应该具有的一部分能力和知识。设计过程中进行设计调研能够帮你解决很多问题，对设计师本身的设计理念会有一个质的改变。良好的设计调研工作可以使你跳出自我中心的设计观念，还能使你知道自己设计的产品是否符合用户需求，能使你了解用户对具体产品的审美观念，能使你的思维方式逐步由个人换位到用户，能使你知道操作产品过程中如何减少用户出错，如何减少用户学习的步骤，能使你明白各类使用人群的需求，能够使你提升职业道德感和责任感等。

伴随科学技术日新月异的变化，人们对产品的认知和需求也变化万千。工业革命之前主要以手工业为主导生产力，人们的生活需求停留在自给自足的状态，蒸汽机的改良迎来了工业革命，能源材料及工艺的革新给生活方式带来了巨大的变化，工业革命改变了交通运输及通讯方式，自动化代替了手工业，工业商品批量化生产的时代来临，人们对于产品的材质、外观、审美、功能等方面有了新的认识。到如今的工业4.0时代，网络信息化及人工智能支撑人们生活中的重要环节。科技改变未来，在未知的未来，有太多太多的可能性发生，因此人们对于事物认知方面的变化也会有无限空间。对于现阶段设计的意义在于充分了解产品存在的意义，寻找什么样的方式方法来解决用户面临的困难，从而设计出适合用户，并且不违背自然生态环境的优良产品。

设计分析与思维的训练，通俗来讲就是如何发现问题，并将问题进行分析，寻找解决问题方式和方法的一个训练过程。比如在我们传统教学环境下，教师用粉笔在黑板上进行板书书写时，或者学生在黑板上答题解题时，经常会遇到的两种情况，

一是粉笔因使用者拿捏的位置不同经常发生折断和打滑的现象，二是粉笔在黑板上书写时两者之间发生摩擦导致粉笔屑在空中到处飞扬，时间久了可以发现讲台上、附近的地面上全是白茫茫的粉笔屑，有时还会被吸入人的呼吸道，甚至会危害健康。面对教学中这种常见的现象已经延续了上百年，后期制作技术的革新，在普通粉笔制作中添加了油脂类或聚醇类物质作粘结剂，再加入比重较大的填料，升级成了无尘粉笔，这样可使粉笔尘的比重和体积都增大，不易飞散，但在实际应用中，并没有完全解决粉笔尘的污染问题。

面对以上常见性问题，市场上出现了按压式、口红旋转式粉笔夹，设计原理借鉴自动铅笔及女性口红的旋转升降方式，有效降低了粉笔易断的现象。随着网络信息智能化技术的更新，对于粉笔的应用领域逐渐在消退，如磁性白板、智能交互式电子白板的出现已经逐渐成为智慧教室的标准性设施（图3-1~图3-3）。

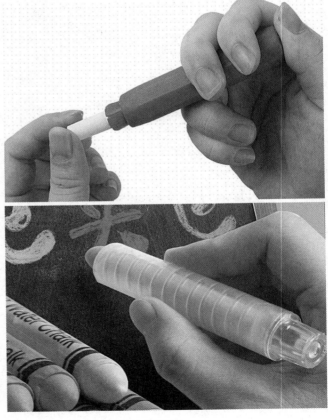

图3-1　按压式粉笔夹和旋转式粉笔夹

图3-2　涂鸦白板

图3-3　交互式智能黑板

再比如智能马桶的出现。为什么会出现智能马桶？智能马桶有哪些功能？智能马桶解决的是生活中什么样的问题？智能马桶是解决了使用功能问题还是提升了人文关怀？智能马桶面对的消费群体是哪些？智能马桶的使用环境、加热材料、安装方式是什么样的……带着这些问题，用这种逆向思维的思考方法寻找传统马桶存在的弊端，当你再次面对智能马桶时，你就会感叹设计的力量以及设计的神奇之处了（图3-4）。

通过以上两个案例我们不难发现，设计的驱动源于科学技术的革新，设计的目的和意义在于解决社会问题，提升人文关怀。通过发现传统马桶存在的问题，将疑问映射到其他产品上，再用正向思维方法发现日常生活生产中及各类产品面临的问题，通过调研调查寻找设计方法去一步步解决疑问，这就是设计的意义所在。本章节我们主要涉及的知识就是设计过程中初级阶段的设计调研部分。

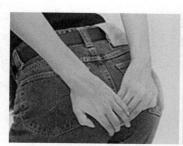
冬天如厕太冷

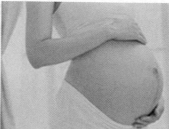
老人、孕妇行动不便

马桶上隐藏无数细菌

经期脆弱易感染

卫生间臭味难除

图3-4　传统马桶面临的问题

3.2　设计调研的目的及意义

　　设计是一种创造，设计调研是一种规划未来的行为，是一种技能或者方法论。设计调研最基本的目的就是调查、发现、改善或者创造与生活生产方式以及与产品有关的社会问题、环境问题、文化问题以及心理问题。不管是政府领导、企业高管、总工程师、设计师还是在校学生，设计调研都是必须要经常考虑的基本问题。设计调研着眼于当前，规划于未来，具有长远目的和意义。设计任何产品时，都起到一定的规划作用，通过一个产品概念去规划企业的生存、发展，去规划未来人们的生活方式及行为方式、规划未来生产模式、规划城市建设、规划精神文明建设等社会各个发展领域，这些规划依据源于设计师、企业、个人、团队的价值观念。比如触摸屏技术的出现改变了人们对智能产品的交互方式。2007年苹果公司将触摸屏技术与手机完美结合，推出的iPhone手机一鸣惊人，用多点触摸技术将手机所有的功能完全集中在一块3.5英寸的触摸屏上，令世人惊艳（图3-5）。触摸智能手机的出现颠覆了传统手机的使用模式，改变了人们的交流方式、生活方式、行为方式等。

　　影响规划策略及价值观念的主要因素有两个。第一，如何对待以人为本。认识生产力发展第一要素，人活着有目的，有生活需求，受理想、信念、

图3-5　第一代iPhone和第十一代iPhone

责任、事业等驱动，以人为本中的"人"从辩证的角度可以理解为，一是以用户，或者消费者为主；另外也可以理解为是生产者，以利益共同体为主。自工业革命以来，"以机械为本"的生产理念占主导地位，用机器控制人的设计观念，工人受尽压榨，成为了大机器生产中的一颗螺丝钉。美国电影《摩登时代》以喜剧讽刺的手法反映出工业时代企业与人类追求幸福的冲突。工业时代在无限自私的利益驱动下，很大一部分人失去了爱国主义情怀、社会责任感，甚至家庭责任感，从而导致不少设计领域为了迎合欲望，打着幌子高喊着"这是为了满足人们追求的美好生活"，在这美其名的口号、呼声之下隐藏的却是对社会种种负面影响，它会增强人们贪婪的欲望、自私自利、以自我为中心，让人们失去同情心、失去安全感、失去归属感，将影响社会安定及引起社会环境问题，比如社会上频繁出现的假冒伪劣产品、毒奶粉、地沟油、化学制剂食品、拐卖儿童等。

　　当今诸多设计领域的观念是"以人为本"，这个概念的提出是相对于西方工业革命以来的以机器为本，将"人"的地位上升到第一位。然而将"以人为本"做到极端化，将产生人欲无穷的负面影响。

　　此外，如何对待"以自然为本"。上面说到的"以人为本"，在先进科学技术手段的高能运作下，人类肆无忌惮地、有恃无恐地、不可逆转地开发自然资源，以满足人类日益增生的物质需求，它曾使欧洲想征服亚洲，它曾使西方人想控制东方、控制世界，发动了能源战争、贸易战争。但在这一系列的争夺之后，唯一剩下的一样东西无人争抢，这就是——废物垃圾。发生在我们身边最真实的一件事情，打印机用废的墨粉盒无人回收，负责回收废品的商贩给的回应却是让人可笑至极："你这个墨盒里有碳粉，污染塑料，你当垃圾扔了就好了"。如此无法回收的废弃产品比比皆是，一次性塑料袋、一次性餐具、残羹剩饭、废旧家具、衣物、建筑"鬼城"等，过度的开采及浪费终将加快耗尽自然资源（图3-6）。

　　如今生态环境安全已成为全球关注的政治问题之

图3-6　共享单车坟场

图3-7　正在爬动的蟹类生物

图3-8　JawboneUP 健身手环

一，我国政府就环境问题提出了"规划先行，既要金山银山，又要绿水青山，绿水青山就是金山银山"的顶层设计战略。而如今我们更迫切地从专业角度进行全局战略性调查。一是调查工业革命以来的设计思想发展历史，以及各类产品设计在社会中的影响，重新规划我们的交通方式、交流方式、生活生产方式以及能源概念等，哪些设计思想及行为使人类仅用了300年的时间消耗了地球上几十亿年形成的自然矿产资源，并且伤害得体无完肤。二是人们以什么样的心态面对快速发展的物质世界，物质享受是一时的，垃圾危害却是长期的。绝大多数的废物垃圾都跟设计有关，废旧汽车、电脑、数码产品、建筑材料、生活用品、广告灯箱、核废料等，这里面有许多知名设计大师、科学家、发明家的辉煌成就，有获设计大奖的优秀作品，有建筑师、工程师的得意作品。而如今并没有哪位设计大师、发明家能将日益增长的废物垃圾高速降解的问题解决，如果这个问题不能有效解决，地球的毁灭速度将取决于社会发展速度的快慢。因此我们呼吁，只有与自然和谐相处，社会才能持续良性发展，人类才能持续生存，我们必须将设计思想转移到以自然为本的设计规划概念上来，这是人类最高的追求（图3-7）。

设计调研过程中设计师还应考虑的主要问题有三个方面：

第一，调研分析新产品概念。2009年Jawbone公司准备推出一款智能产品，一种戴在手腕，通过各种感应器来检查心率、脉搏，可以追踪睡眠、运动、饮食状况，并与智能手机应用关联。当时市场上并没有此类产品，也无人知道这种产品，因此无法通过市场调研来了解，设计团队只能通过调查潜在用户有关的生活方式、行为方式、使用情景、操作情景进行挖掘相关设计信息，建立预想模型，最终建立设计指南。设计团队经过不停地设计尝试，无数次的实验测试，最终在2011年推出了JawboneUP健身手环（图3-8）。在同年秋天，无线技术公司Fitbit也发布了类似功能的智能手环FitbitFlex。

第二，调研分析新产品的可行性，包括设计、研发和生产制作。首先寻找问题，日常生活中存在什么样的问题，设计什么样的产品来解决问题，如何设计，可以应用什么样的技术，这种技术存不存在，能不能得到这项技术，需要什么样的团队来完成这样产品的研发、设计，用什么样的材料，制作工艺能不能实现，需要投入多少时间、多少设备、多少资金等。针对这些问题往往先考虑找有关研究单位、找专家或者高校研究所，还可

图3-9　不同的人，对产品使用有不同的反应

以参加展览会找相关技术企业。

　　第三，产品用户调查。这里收到的用户并不等同于消费者。因此我们要分清用户和消费者之间的区别。产品用户关注的往往是产品使用的目的和是否满足他的需求，而消费者关注的是消费价格和消费兴趣等因素。对于市场上现有的产品，市场调查只能够确定消费人群。但是对未来需要设计的新产品，市场上并没有出现，这个时候就要通过设计调查去确定产品的用户人群。如果你要设计创作一个新的产品，在设计调查中就必须要确定用户人群，通过用户调查去发现该类用户的目的需要以及操作需要，包括她们的生活习惯以及审美观念和职业，以及消费能力。只有更多地了解用户信息，才能设计出用户需要的产品，而不是先设计出来产品，再到市场上寻找消费者（图3-9）。

3.3　设计调研与文化背景的关系

　　文化是一种群体性行为，简单来说它是地区人

类生活要素的统称，是相对于经济、政治而言的人类全部精神活动及其产品，它体现在生活方式、情感方式、矛盾方式、思维方式等方面。文化的含义体现在价值观念、审美情趣、文学艺术、风土人情、传统习俗、宗教信仰等方面，文化包含世界观、人生观、价值观具有意识形态的部分，决定什么是真善美，什么样的产品是必需的、最重要的、应该存在的。社会性质的变化依托文化的变化，价值观念也随之变化，同时引起行为、道德、情感的变化，对产品概念的理解和判断都在变化。从设计角度来看，一个产品的文化象征体现在使用价值、道德理念、情感认知和审美等方面，具体反映在服务、建筑、服装、生活附属物等产品方面。设计调研中调查产品的文化属性，这么做的主要目的是促使我们了解自己的文化，了解过去、开拓未来，探索、发现、设计和规划未来的生活方式，这个问题关系到社会精神文明建设，关系到社会发展形态以及人们审美意识的塑造（图3-10、图3-11）。

图3-10　程泰宁院士作品——浙江美术馆

图3-11　日本设计师佐藤大建筑设计作品

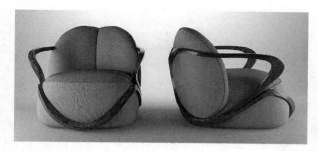
图3-12　东方与西方风格的融合

从社会角度来看，社会价值体系是文化的核心。中国传统文化追求稳定，设计制造采用自给自足的生活理念，中国文化以家庭为本；西方文化追求现代性，求新求变，以个人为本，在设计方面追求新颖、追求刺激，工业革命后西方价值体系以战争的形式侵占我们传统文化价值系统，以一种"力量型"产品冲击着我们的传统文化。受西方设计理念"创新"思潮的影响，它一定程度改变了我们的道德观念、行动方式、认知方式以及审美观念（图3-12）。

3.4　设计调研的基本步骤

第一步，确定调查目的和任务。在拿到设计任务或者研发任务时，首先明确要解决什么样的实际问题，为达到解决问题所期望的一种概念模型是什么样的，明确问题之后制定设计指南。展开设计首先指定调研计划，最初的调研目的是模糊的、好奇的、抽象的。要确定设计产品的定义，明确产品设计和生产中的限制因素，比如功能技术因素、加工工艺因素、材料能源因素等。面对所调研的对象或领域，要明确调研的目的，为实现设计提供设计标准、检验方法、用户需求和可用性测试方法，并且还要考虑调研的环境、时间、地点、对象以及经费的预算。

示例：你有一个奇特的设计想法——从头设计一辆全电动汽车，这款电动汽车不同于特斯拉电动汽车，不同于蔚来电动汽车，它是融合了机器人技术和交通工具概念的一款车，四个车轮分别有不同的轮侧电机独立驱动，而且它取消了方向盘，以手柄来控制汽车，开车就像驾驶一架直升机。面对这个设计任务你在市场上找不到类似的产品进行调研，你需要根据不同的模块去分析、调查，找不同领域的企业或者专家进行设计，需要画机械结构图，画控制逻辑图，画电路连接图，找投资人等（图3-13）。

第二步，根据人们对产品需求层次的变化，制定详细的调研计划表。所谓的调查计划，就是针对你的调查目的作更进一步的描述。根据你的设计项目周期及资金预算，需要做以下几个方面的内容：

一是先确定调查内容（图3-14）。比如关于高档冰箱的设计调查，在明确设计目的及任务之后，开始收集冰箱有关的资料来提炼调研内容，比如市场上各品牌冰箱的特点、功能、原理、外观等；二是确定调研对象，不同的消费人群选择冰箱的参考标准不一样，上班族、租房族选择的冰箱考虑经济实用、智能型，新婚置家的年轻夫妇倾向于外观靓丽、功能多变的新款冰箱，步入中年的家庭，三口之家或者五口之家一般选择容量大、性价比高的大品牌冰箱，老年人可能会选择一些噪声低、耗电量低、易操作的冰箱类型（图3-15）。根据产品属性及定位明确产品使用对象；三是寻找设计调研方法，对已确定的调研内容及对象进行分析，根据实际

图3-13　新能源汽车概念设计

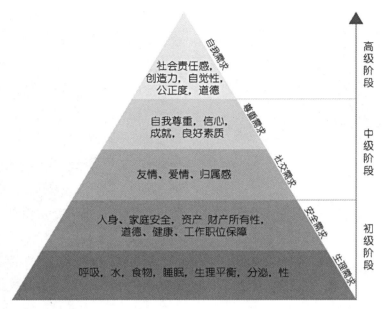

图3-14　人们对产品需求层次的变化

图3-15　冰箱产品设计方案

图3-16　做访谈记录

情况选择相应的调研方法；四是绘制调研报告以及输出形式和项目完成时间要求。调查计划做得越周密、越详细，调查的结果就越精准。

　　第三步，制定调研逻辑架构。也就是说根据产品概念、设计和制造的可行性，先确定一个调研模型，也叫心理模型。建立框架结构，是关系调研质量高低或者说调研成败的关键，是进行调研时要考虑的首要问题，要反复进行思考和修改。比如调研用户使用冰箱的动机是什么？首先确定影响使用动机的各个因素，主观因素包括：情感、审美、需求、个性化、广告推销，客观因素包括：制冷、

控温、保鲜杀菌功能、价格、耗能、容积、环保、维护等，将所有因素进行筛选，建立合理框架。

　　第四步，进行访谈。根据建立的框架结构设计调研提纲，也就是将框架中的各个影响因素变成实际的访谈问题。访谈的内容和形式都有很多种。内容一般包括：用户使用产品的过程、使用感受、对产品品牌的印象，以及用户本身的经历等。在访谈过程中发现新的影响因素，可以随时修改你的框架结构，做到最大程度、最全面的、最彻底的访问（图3-16）。

　　第五步，问卷调查。根据各个影响因素的访谈结果，筛选出需要进行问卷调查的问题。在设计调查问卷

图3-17 问卷调查及分析

如果中间过程出现了偏差，会直接影响调查的真实性、全面性和可靠性。这也是判断一个设计师水准和职业道德的直接依据（图3-18）。

3.5 设计调研的方法

时，将各影响因素转换成问卷中的问题，确定问卷调查对象，随机抽取一定数量的用户进行问卷作答，最后将问卷进行分析统计。比如对于商务高端笔记本电脑的调研，在进行访谈之前我们首先要罗列出影响用户选择笔记本电脑的各个因素，主要包含：售后服务、兼容性能、CPU性能、显卡性能、电池性能、散热性能、使用高档材料、内存硬盘速度、表面处理工艺等。将这些主要因素转换成问卷中的问题，确定调研对象、调研时间及调研环境，通过大量问卷调查提高调研的效度和信度（图3-17）。

第六步，问卷分析、统计。分析讨论数据是设计调查中的核心环节。从调查的最终数据里所得出的结论，是进行设计问题再深入的一个重要依据。因此，以上调查过程中的每一个步骤都不得马虎。

3.5.1 观察法

观察是人类出生从睁开眼的那一刻就产生的一种自然能力。人类从婴儿到青少年再到成人，这是一个学习的过程。而这个学习的过程也绝离不开观察、感知，然后根据所观察到的来总结、学习、实践。中医给病人用"望闻问切"的方法诊病，画家将自己观察到的美丽景象画出来等。人类所有的日常学习，都基于观察。科学探索中，观察法也是科学家最常用的方法。

观察法是指研究者根据一定的研究目的，研究提纲或者观察表，用感官和辅助工具去直接观察被研究对象，从而获得资料的一种方法。科学的观察具有目的性、计划性、系统性和可重复性。我们可以用眼睛并且加上辅助工具来观察（如照相机、录音机、显微镜等）。

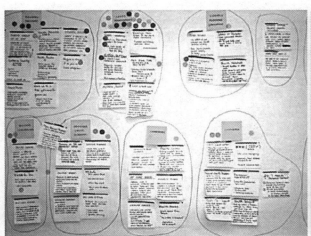

图3-18 对问卷进行筛选分析
（来源：作者自摄）

传统的设计调研中，早期调研一般以问卷法为主，这极大地框住了设计者的灵感、创新等。而设计调研中，早期调研需要的方法必须非常开放，所以，最好的方法通常是观察法。调研者需要去观察使用者怎样操作产品，会遇到什么样的困难与不适，以及他们会产生的建议与意见。

在明确了观察对象、主题、观察者的要求等信息后，还需要对观察本身进行设计。观察法的设计体现在布景、结构、公开性和参与水平四个方面。布景分为自然布景和人为布景。

人们通常认为自然布景会比人为布景更容易让使用者产生自然行为，但是差别其实很小。人为布景更便于实验者控制实验条件，节约成本，避免客观因素导致无法实验等好处。在结构这一方面分为非结构化观察和结构化观察法。前者在前期会搜集大量数据图片等，所以他的整理工作量是非常大的。而在定量研究时，就必须使用结构观察法（图3-19）。

公开性方面，因为考虑到被观察者知道自己是设计调研中的被观察的身份后的心情，以及个人隐私等问题，研究者可以主动与被观察者签署保密合同，约定好双方的责任与义务，这样可以

省掉很多不必要的麻烦。对于设计调研来说，有些项目需要被观察者高度配合，所以被观察者不知道自己在被观察时的行为虽然会更自然真实，但是有些实验步骤需要被观察者到实验室来完成相关调研，从而得到丰富有用的素材，所以也需要公开告知被观察者的被研究身份（图3-19~图3-21，表3-1）。

观察法的步骤如下。

第一步，确定研究方向。观察法通常分为两种形式。一种就是结构性观察法，意思就是具有条理、明确结构的一种调研方法。根据市场现有的产品，去调研它的销售额以及用户群体的反馈和需要改进的地方。另一种就是非结构性观察法，这种方法的使用较为多见。当我们拿到一个项目，需要研发出一种新产品的时候，首先我们要确定知道所研究的目的是什么，如果作为研究者对研究目的没有充分的了解，很容易在观察的初期就会走上错误的道路；非结构观察法是开放式的，它允许观察者发现本来自己没有想过的东西。

确定研究方向，一般包含几个方面：研究对象、研究问题，以及在某一特定情景下产品所扮演的角色。比如现在需要研发一款面向大学生使用的笔记本电脑。那么作为研发人员，需要知道这个主题，研究对象都是在校大学生，研究的问题是大学生对笔记本电脑的需求，

图3-19　wii游戏机体验场景

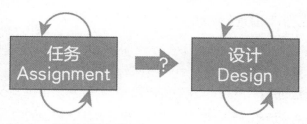

图3-20 任务分析转化到设计
（来源：作者自绘）

图3-21 可用性测试实验室
（来源：作者自绘）

包括功能、外观和价格等重要方面，以及产品在特定的情景下使用，比如宿舍、图书馆、教室等，研究的对象物是笔记本电脑，还要考虑学生对笔记本的需求，是专业需求还是娱乐需求等因素。

第二步，做好观察前的准备工作。第一步完成以后就要将观察法进行细化，制作一个详细的观察计划表。观察计划包括对观察对象的描述、观察地点的选择以及观察所用到的设备器材、观察的次数和需要搜集的内容。观察对象的意思就是要研究目标人群，以研究大学生用笔记本电脑为例。首先考虑的是男女性别的差异、专业差异、经济状况差异。从市场的了解来看，相对来说，对于外观的需求，女生关注得更多；对于功能和配置方面，男生关注得更多，此外就是关于专业方向和经济能力去

选择符合自己的产品。因为所有的设计产品，必须围绕着使用者的需求而进行，所以如果观察法研究的对象选错了，可能导致整个调研的失败。

第三步，做好观察取样。取样的多少取决于研究的对象和目的。研究对象越多，研究次数越多，因此研究所得到的变量就越多。

研究过程中会有很多因素影响研究结果。观察取样的因素除了受天气、时间、场地等因素影响，还可能与事件密切程度、阶段等相关。比如有些研究主题需要进行长时间跟踪，长时间统计数据，如果想要得到较为全面而客观的观察内容，就需要增加观察的次数。常见的观察取样方法有六种，分别为对象取样、时间取样、场地取样、事件取样、阶段取样、追踪观察。六种取样方法的各自特点如表3-1所示。

观察取样的特点 表3-1

取样方法	特点
对象取样	选取目标对象进行观察
时间取样	在特定时间内观察所发生的行为
场面取样	选择一个最为自然的场地
事件取样	观察一个事件发生的整个过程
阶段取样	针对某一特殊阶段进行重点观察
追踪观察	对观察对象进行长时间跟踪、长时间积累性观察，了解其更多情况

第四步，制作观察框架。通过文献资料研究，观察法中常用的观察框架有9种，AEIOU框架、实地框架（Bringing the Outside）、4A模型、POEMS框架、POSTA框架、事理框架等。在此选择POEMS框架、AEIOU框架进行研究。POEMS框架由美国人Kumar和Whitney提出，POEMS框架式指导观察者记录用户交互行为，并为后期数据进行整理分析。POEMS框架指的5个内容：观察者（People）、对象物（Object）、环境（Environment）、信息（Message）、服务（Service）。了解了五项框架内容，然后按步骤进行：①获取观察材料；②用于POEMS框架整理观察数据；③取样观察

要点；④对取样进行差异对比；⑤整理差异，提炼行为特征。AEIOU分别代表Activities（活动）、Environment（环境）、Interaction（交互）、Object（物体）、Users（用户），是一种可以解释观察的探索性分析法，框架主要包括5个方面的内容：①活动，目标用户为完成某项事件而完成的一系列行为；②环境，用户完成活动所发生的场面；③交互，完成整个活动所构建的人与人、人与物之间互动的因素；④物体，所涉及的对象物和次对象物；⑤用户，指发生活动和发出行为需求的主体。

第五步，材料整理与分析。整理数据要把所有现场记录的材料，详细地进行检查、分类，如果有遗漏和错误要设法弥补，做记录和改正错误，以免时间久了遗忘重要的信息。整理完数据后，根据设计要点进行数据的分析，对重点和难点做详细地说明，最后将观察记录按时间顺序存放保管。

图3-22　用户观察和用户访谈
（来源：作者自绘）

3.5.2　访谈法

访谈，顾名思义就是与人交流。俗话说，沟通是解决问题的最好桥梁。大多数的研究基础都和访谈有关。用提问交流的方式，对用户进行了解和调查，访谈的内容包括产品的使用过程、使用感受、品牌印象和个体经历，一个有经验的调研工作者，熟练地应用访谈去提问，充分展现被访者的感受和想法，通过访谈对所获得的内容进行筛选，组织起来形成强有力的数据。

为研究而去寻找、邀请并给合适的人安排日程，这一过程叫做招募。招募一般有三个基本步骤，一是确定目标被访问者，二是找到被访者代表，三是说服他们参与研究。首先第一步，了解研究目的和研究对象，当研究需要用户参与访谈的时候，便产生了一个最基本的问题，那就是为什么需要用户，当你开始设计一个交互界面的时候，无论在设计的初期，还是在设计开发后期验证的阶段，都希望知道目标用户群体，怎么去操作应用界面？她们是如何看待这个交互界面的？因此当招募用户这个念头产生了之后，就需要对目前这个交互界面的可用性，需要用户来参与做一个可用性测试，在做这个用户可用性测试的过程中，我们把所招募来的用户，做一个数据的统计，然后去寻找下一个问题，那就是我们要面对的产品使用者，通过访谈的方法，获取用户的基本信息，包括他们的性别、年龄、职业、联系方式、家庭状况等，通过访谈可以获得用户的一些上网以及对界面交互的需求和反馈意见（图3-22、表3-2）。

访谈整个过程包含介绍、暖场、一般问题、深入问题、回顾与总结、结束语与感谢这些结构部分。一般在访谈开始的时候，主持人要向被访者进行一番访谈活动内容的说明，包括访谈的目的，主持人的自我介绍，被访者的自我介绍和访谈规则的描述以及活动的目的。在访谈过程中，有几个重要的规则需要说明，首先，要确保被访者表达自己的真实想法，制定合理的访谈时间和访问过程，访谈过程中根据活动的基本目的进行展开。在进行介绍完以后，开始正式访问之前，主持人要通过

招募典型日程安排 表3-2	
时间	活动安排
1 天	确定研究目标与用户
0.5 ~ 1 天	分析用户特点，编写访谈问题
2 ~ 7 天	寻找受众群体
1 ~ 3 天	筛选候选人
1 天	初排日程
1 天	给筛选后的候选人发送邀请
1 天	确定受访者及日程
0.5 天	测试前通知提醒

一定的沟通方式让整个访谈气氛更加自然放松，只有在更为融洽的气氛下，才可以更加有效真实地去和访谈者进行更深层次的沟通交流，得到最佳真实的数据。在访谈的每个小节点，都可以做一个小结或者回顾，并衔接好下一个阶段的访问，当整个访谈过程结束的时候，对整场进行一个总结和归纳。最后感谢对被访谈者给予的宝贵意见，并把整个意见汇报给设计和管理部门进行下一步设计研发。

在我们前面讲到的观察法通常分为两种形式，为非结构性观察法和结构性观察法，同样访谈的形式也分为两种，为标准化的访谈和开放式的访谈，标准化访谈又可称为结构性访谈，是一种对访谈过程高度控制的访问方式。开放式访谈又称为非结构性访谈或半结构化访谈，是一种较为开放的探索新方式，在访问的过程中主持人通过某种沟通方式抛出问题，不需要被访者按某种固定的格式回答，可以由被访者自由地描述事件的开始、发展以及最终结果。主持人通过被访者的描述从中收集意见。整个访谈过程完成以后，所获得的回答内容，其实就是我们所需要的数据，研究人员通过做记录，将访谈所记录下来的信息联系起来，进行推敲分

析，从而得出用户的思考、价值观、态度和对产品的需求方向，这些数据便是对一个成功的设计最有价值的地方。

以上两种方法是设计调研中最为简单和常用的形式，也是初学设计的同学们最容易掌握的调研方式方法。

3.6 通过设计调研提升设计能力

通过设计调研可以提升设计洞察力，设计调研从广义上泛指所有开展与设计相关的调查和研究工作，狭义上指通过人与人的互动或者人与物的互动获得客观的信息数据建议分析和总结，为设计提供思路和依据。设计调研一般会具体到通过调研来解决设计上的某些问题。实际调研主要表现在设计调研的事情中，不仅需要收集大量相关的设计理论知识，还要融入经济、社会文化、技术、潮流、审美，并与之相关的大环境，融入用户和消费者，因此设计调研是一个更为全面、综合、有针对性的调查研究活动。近些年来，设计调研越来越受到设计行业及企业的重视，已经成为设计专业应该具备的基本职业思维方式和行为方式之一，是考察设计师对市场观察，对设计趋势是否有洞察力的一个衡量标准。通过设计调研能够帮助我们了解产品的目标用户人群，明确产品是否符合用户的生理以及心理需求，是否符合用户的使用行为习惯，通过设计调研来锻炼设计师的洞察能力，提升在产品设计过程中对设计的概念、方向、新思路等方面都有提升。

设计调研以设计为目的进行收集信息、分析信息、研究信息的工作，是设计洞察、设计展开的基础，设计调研做得越系统越详细，设计就越可能成功，设计洞察大多是伴随设计调研的开始、展开以及设计调研分析结论的提出而产生的，因此从设计调研到设计洞察，首先可以从设计调研目的中寻找思路。设计中的调研通常分为"为创意的开始调研"和"为创意的可行性调研"以

及"检测创意调研"三类，在这里，创意是设计洞察的主要内容，创意的产生为达到设计洞察提供了重要思路。

设计调研能为设计洞察提供大量丰富的资料信息，设计洞察是把设计调研的结论成果转化成设计可能的桥梁。因此，从设计调研到设计洞察，既有感性的洞悉，又有理性研究的结果，设计者需要在长期的大量设计研究及实践中积累经验，重视设计调研，并从设计调研的目的、方法、流程、内容等方面注重培养设计洞察能力，发掘设计创新切入点。

第**4**章

重在过程——
产品设计阶段性分析

4.1　产品设计初期的分析——创造性思维的应用

　　创造性思维不是无的放矢，也不是天马行空，它是有一定的逻辑推理与方法步骤的，需要后天的培养与不断地训练，卓别林为此还说过一句耐人寻味的话："和拉提琴或弹钢琴相似，思考也需要每天练习的。"因此，在设计初期，针对不同的产品类型，可以运用不同的思维方法或者是设计工具，解决眼前棘手的设计问题。创造性思维方法如下。

4.1.1　头脑风暴

　　在这个工具极为丰富的时代，大部分设计师仍然喜欢在纸上头脑风暴。它最初由美国创造学家A·F·奥斯本于1939年首次提出，并在1953年正式发表的一种激发性思维的方法。最好是10～15人为一组进行，在明确主题下，提前进入准备阶段，因为富有成效的头脑风暴是不会偶然发生的，要有一定的前期积累。好的头脑风暴应当聚焦于小范围和具体的问题，最好是比较形象直观的问题。进入热身阶段不是空泛的讨论，而是快速地输出可能的解决方案，试着把你想说的东西画下来，文字、话语都会很实际地揭示它们的意思。在做头脑风暴时，也不要对于大脑中萌生的想法轻易地怀疑和打压，让想法尽可能自由地生长，迅速地把它记下来，同时想办法刺激出更多的想法。进入畅谈阶段时，当大家为了一个问题争论不休时，把彼此的想法与方案分享出去。贴在墙壁上，不用在意你的点子好坏与否，也许有机会得到另一个人的赏识或者给另一个人带来启发。

　　最后筛选阶段经过多次反复比较，主题词好比树干，想法就如树枝，最后会把赋有想法的树枝创意相加，确定1～3个最佳方案。这些最佳方案往往是多种创意的优势相加，头脑风暴的过程是找到让人惊喜和充满趣味的新模式。

　　头脑风暴的思路是：大难题—分解成小问题—尽可能多的产生解决方案。

　　–相关案例–

　　运用头脑风暴法的一个有趣案例。

　　有一年，美国北方地区格外严寒，大雪纷飞，电线上积满冰雪，大跨度的电线常被积雪压断，严重影响通信。过去，许多人试图解决这一问题，但都未能如愿以偿（图4-1）。后来，电信公司经理应用奥斯本发明的头脑风暴法，尝试解决这一难题。他召开了一种能让头脑卷起风暴的座谈会，参加会议的是不同专业的技术人员，要求他们必须遵守以下原则：

图4-1　美国暴雪天气

　　第一，自由思考。即要求与会者尽可能解放思想，无拘无束地思考问题并畅所欲言，不必顾虑自己的想法是否"离经叛道"或"荒唐可笑"。

　　第二，迟评判。即要求与会者在会上不要对他人的设想评头论足，不要发表"这主意好极了！""这种想法太离谱了！"之类的"捧杀句"或"扼杀句"，至于对设想的评判，留在会后组织专人进行考虑。

　　第三，以量求质。即鼓励与会者尽可能多而广地提出设想，以大量的设想来保证质量较高的设想的存在。

　　第四，结合改善。即鼓励与会者积极进行智力互补，在增加自己提出设想的同时，注意思考如何把两个或更多的设想结合成另一个更完善的设想。

　　按照这种会议规则，大家七嘴八舌地议论开来，有人提出设计一种专用的电线清雪机；有人想到用电热来化解冰雪，也有人建议用振荡技术来清除积雪，甚至有人提出携带几把扫帚，乘坐直升机去扫电线上的积雪，对于"坐飞机扫雪"的设想，这个想法虽有些滑稽，但也没有人提出反对。这时有位工程师受到这个想法的启发，想出了"用直升机扇雪"的新设想，一种简单可行且高效率的清雪方法，他认为，每当大雪过后，出动直升机的飞行航线沿积雪严重的电线飞行，依靠飞机高速旋转的螺旋桨就可以将电线上的积雪迅速扇落。他的想法又引起其他与会者的联想，不到一小时的时间，便相继产生90多种新想法。会后，公司邀请专家对设想进行论证，专家们反而认为设计专用清雪机，采用电热或电磁振荡等方法清除电线上的积雪，虽然在技术上可行，但研制费用大，一时难以见效。"坐飞机扫雪"激发出来的几种设想，这种大胆新奇的想法，如果可行的话，将是一种既简单又高效的好办法。最后，经过现场专家试验，发现问题解决最好的方法是用直升机扇雪最奏效，一个久悬未决的问题，最终在头脑风暴中得到了巧妙地解决。在最短的时间内可以批量激发灵感、生产灵感，高效地解决了问题，得到大量意想不到的收获。

4.1.2 635法

"635法"由德国一家商业咨询公司的名为霍利肯的人发明。对于美国人那种环境热闹的头脑风暴法，德国人出于文化原因并不适应，于是创造出了"635法"。内容是"6个出席人围绕圆桌而坐"，"每个人出3个创意"，"5分钟内写在专用纸上"。

下面按照顺序说明：

（1）准备6张专用纸，出席人一人一张。

（2）一人写完后，传给旁边的人，顺时针、逆时针均可。

（3）出席人接到前面人的想法之后，受启发得到一个新的想法，写上去，然后再传到下一人手上，如此反复进行6次。在30分钟内，3个创意×6个人×6张纸=108个创意。

后来德国巴特尔研究所，对"635法"进行改良，推出"Brainwriting"即BW法，改良在于：对于别人的想法是肯定还是否定，必须明确地表示出来。具体而言，在前一个人想法基础上，如果你是继承他，那么就画上"箭头"：如果不是，就画上"粗线"。这种方法的特点是时间短、速度快。并且由于不直接说出方案，而可以自由地发挥想象，不受限制。并自己记录和交换信息，从而能够抓住新的有利的想法。

4.1.3 奥斯本设问法

发明创造的关键是能够发现问题、提出问题，有助于人们打破各种思维定势，以问题的形式激发人们的想象力，使其敢于对现实产品展开自己的想象。在设计时对任何事物都多问几个为什么。设问是奥斯本设问法的核心，以设问来进行创新，根据需要解决的问题，或针对创造的对象列出有关问题，从不同角度一一地核对并讨论，从中找到解决问题的方法或创造的设想，进行筛选和进一步思考、完善。这就是奥斯本九步检核设问创新法，介绍如下：

1. 能否他用

现有的事物有无他用；保持不变能否扩大用途；稍加改变有无其他用途。

-相关案例-

例如Fugu Luggage行李箱，使用具有抗冲击性、耐划、耐腐蚀的ABS材质，可折叠方便出门携带，折叠状态是轻巧便携的20寸拉杆箱，利用电动空气泵将内置展开，展开后可扩张为一个40×50×75厘米，是折叠状态行李箱体积的3倍，内附有层板，可将衣物分层分类收纳，当闲置家中时，可当矮柜、电脑桌进行使用（图4-2）。

图4-2　Fugu Luggage行李箱

2. 能否借用

现有的事物能否借用别的经验；能否模仿别的东西；过去有无类似的发明创造；现有成果能否引入其他创新性设想。

-相关案例-

乔治·尼尔森所设计的"椰壳椅"，也叫做椰子椅，其设计构思模仿椰子壳外部造型与色彩，尽管这件椅子视觉上看起来很轻便，但实则"椰壳椅"为金属材料，其份量并不轻（图4-3）。日本设计师大治将典设计的伞把扫帚，扫把是日常使用的随手之物，有时使用前需要寻找一番。如放在一固定位置或是挂起来，会方便寻找，于是扫把的手握柄借用雨伞的手握柄，更加方便把扫把挂在任何地方，让打扫变得更顺畅（图4-4）。

3. 能否改变

现有事物能否做些改变，如：颜色、声音、味道、式样、花色、品种、五官感受；改变后效果如何。

-相关案例-

贝克啤酒的外观设计与市场上贩卖的啤酒罐截然有异，与香槟杯的外形特点融合，以磨砂铝为材料，产品表面经过多次激光和模拟雕刻，视觉上增强了感官体验（图4-5）。

生活中，早起是被闹钟铃声叫醒的，我们早已习惯这样的起床方式（图4-6）。图4-7是设计师Fandi Meng设计的一款指环闹钟，闹钟的提醒方式由"听觉"变为"触觉"，通过指环的震动刺激把本人叫醒，

图4-3　椰壳椅

图4-4　伞把扫帚

图4-5　贝克啤酒外观设计

图4-6　LED闹钟

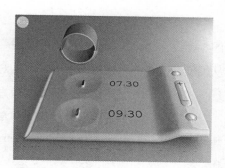
图4-7　指环闹钟

图4-8　背包拉链

也不会影响到他人，同时，指环闹钟可以作为一种辅助工具，对于那些听力有障碍的人起到帮助。

4. 能否扩大

现有事物可否扩大应用范围；能否增加使用功能；能否添加部件；能否扩大或增加高度、强度、寿命、价值。

-相关案例-

这是一款防盗拉链。春节期间，在公共空间人流客运量大的地方，书包很容易被偷，这款概念产品上面的拉链必须具备自动识别指纹的功能（图4-8）。

下面这款定时插座是将插座与定时功能相结合，日常睡觉时就把手机充上电了，然后早上起床再拔下，对手机电池有消耗，它有着与电风扇相似的定时功能，插上一扭定时，时间一到就断电（图4-9）。

5. 能否缩小

现有事物能否减少、缩小或省略某些部分；能否浓缩化；能否微型化；能否短点、轻点、压缩、分割、简略。

-相关案例-

电子产品的USB接口不够，设计师设计的就像积木一样可以首尾相连，只需一个USB接口就可以连接多个USB设备，在以满足供电需求的前提下，它可以无限制的连接下去（图4-10）。

6. 能否代用

现有事物能否用其他材料、元件代替；能否用其他原理、方法、工艺；能否用其他结构、动力、设备。

-相关案例-

勺子在使用过程中，边角食物很不容易舀出来，于是将勺子的下半部改变了材质，改为绿色软质硅胶，勺子上部分的材质则为白色硬质塑料（图4-11）。

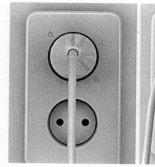

图4-9　定时插座

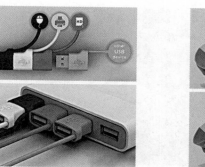

图4-10　可拼接式USB接口

图4-11　勺子

7. 能否调整

能否调整已知布局；能否调整既定程序；能否调整日程计划；能否调整因果关系；能否从相反方向考虑。

–相关案例–

瓶盖也是有个性的，初看这款愤怒瓶盖的设计与普通的塑料瓶盖并没有不同，设计师很隐蔽地将瓶盖的顶部替换成软硅胶材质。当瓶子被摇动时，瓶子里的压力就会增加，并推到愤怒的瓶盖的顶部，导致它膨胀。对于任何想要打开瓶子的人来说，这个凸出来的东西都是一个提醒，可以让他们免于受到"爆炸"的影响。当二氧化碳溶解后，凸起的部分下沉，表明现在打开瓶子是安全的（图4-12）。

8. 能否颠倒

作用能否颠倒；位置（上下、正反）能否颠倒。

现今我们家庭所使用的冰箱，其冷冻室是下层，但是十几年前的冰箱则是相反——上层是冷冻，下层是冷藏。位置倒置的原因是发现一般家庭对冷藏室开启的频率更高，吃冰淇淋、冰棍才会使用冷冻，冷冻室使用频率相对低。上下两侧的倒置不仅是出于功能和用户的需求两方面考虑，还体现在使用体验上。实验数据表明将冷冻室设计在底部，用户能在使用中能够极大程度地舒缓拉开冰箱门时的肌肉压力。

9. 能否组合

现有事物能否组合；能否原理组合、方案组合、功能组合；能否形状组合、材料组合、部件组合。

–相关案例–

利用浮力原理实现具有提醒功能的锅盖设计，锅盖上端的造型采用中国传统的"锣"造型和结构，锣的一半与锅盖固定，另一半则连接杆穿过锅盖与其底部铜质扁平浮球连接。当水量达到食料煮熟的状态，便会发出清脆的"铜锣声"进行传达（图4-13）。

年轻的设计师Tamar Canfi，以作品"scootboard"对个人交通装置进行探索。如图4-14，结

图4-12 可乐瓶盖设计

图4-13 具有提醒功能的锅盖设计

图4-14 "scootboard"个人交通工具

合滑板和踏板车的优秀品质，设计了这一优雅的混合产品设计，非常适合环绕城市或校园进行短途旅行。scootboard折叠起来可以像滑板一样携带，也可以用单手驾驶。

4.1.4 形态分析技法

美国人茨维基（F. Zwicky）——形态分析技法的首创人，后由艾伦（M. S. Alan）加以发展，它是一种结构组合或重组方法。这种方法的出发点是：通过把旧东西的相关元素系统分解、重新组合形成新的创造。通常元素会分解成三或四较明显的变项，使变项形成多种创新性设想。例如，解决怎样设计新包装问题，首先可以从包装材料、形状和颜色三个因素考虑，而每一因素又可分成四个变项，即包装材料：纸、木质、金属、塑料；包装形状:三角形、圆柱形、方形、圆形；包装颜色：白色、蓝色、红色、绿色。再进行采用图解方式，可产生64种不同的组合方案以供选择。进行逐个分解因素，排列组合，因而可以毫无遗漏地收集到各个方案，使复杂的问题一目了然（图4-15）。

当你使用这些方法能得心应手时，就不必耐心坐等灵感找上门来，灵感总是会包含不确定机会的内在成分，法国生物学家路易·巴斯德曾说过：

图4-15 形态分析技法

"机会总是会眷顾那些有准备的头脑。"所以说一些创新思维是通过长期的观察创新与个体的努力出现的，都可以被设计者在不同的设计环境下所采取不同的方法。

4.2 产品设计初期的分析——产品主题的确定

建筑大师后藤武在《不为设计而设计=最好的设计》一书中所说："在创造这个感性行为的每一个环节中，都隐藏了理性的判断。机能和使用方式、素材特征等各种条件互相影响，越是震撼人心的物件，这一感性与理性相互撞击的过程，越是让人清晰可见。当我们设计开发一款产品时，并不是那么简单，而是需要很多的前期准备。"

写作需要清楚作文的主题，里面所包含的人、事、物的关系要素要一一代出，然后由表及里、由此及彼、由浅入深，进行辩证思考。产品的初期主题确定也如此。之所以要明确产品的主题，是为了向用户传达更清楚的产品的中心主题，好的产品是用户看到产品时，自然而然地就知道应该怎么使用与操作，也就是产品不需要说明书，用户就能很顺畅地进行使用。

产品设计的初期对一款产品是否成功，是否能受到人们的欢迎起到至关重要的作用，要对产品的市场定位、使用人群、产品使用目的、产品功能、产品造型、产品的设计意图等有清晰的认知，这些设计的思路都是围绕着"产品主题"而进行的，设计师在设计过程中应不断从各个角度进行思维拓展，往往会产生多个设计方案草图备选，这样就可以从多角度、多层次、全方位地思考问题，也避免设计方案的单一、枯燥、狭隘的状态，产品主题的确定需要很清楚地明白产品的定义与用户的需求这两个方面进行。

（1）产品定义包括：使用人群、主要功能、产品特色；

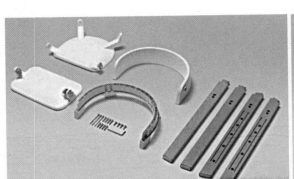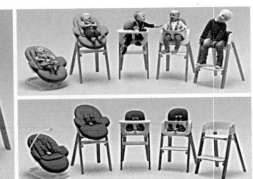

图4-16　儿童模块化座椅

（2）用户需求包括：目标用户、用户目标、使用场景。

产品的定义，指的是产品是做什么用的？为谁设计？谁用？在哪用？外围环境是什么？怎么用？与同类型产品的区别有哪些？

用户的需求，则指的是设计一款产品所针对的人群，用来做什么？要达到什么目的？有哪些考虑因素？如使用者心理、生产工艺、材质等，我们需要准确把握用户的需求。

-相关案例-

一款儿童座椅产品主题定位

成长的记忆是一个人一生中最值得回忆的记忆，比如说伴随着我们一起成长的人或者物，都有非常大的纪念意义，但往往家里的儿童椅，伴随儿童的成长。最后会被送人，或是丢弃，或是放家里储藏室充当杂物。由Permafrost designstudio公司设计的这款Stokke Steps儿童座椅可伴随儿童不同成长阶段而持续使用。通过模块化系统，可以容纳从儿童出生到快乐童年的所有需求。这套座椅系统，可以是一个婴儿助行器，当有使用需求的时候，使用者可以将助行器连接到椅子上，这样它会立刻变身为一个婴儿躺椅，婴儿坐进去非常的舒适。同时它还是一个可调节的儿童高脚椅，可以根据婴儿的身高自由调节。多功能、多模块的设计让

这款儿童座椅富有想象力和建设性，只需要一款产品，就可以解决各位父母在陪伴孩子成长过程中多个阶段的需求（图4-16）。

使用人群：基本上满足从0岁到10岁不同时期的儿童；

主要功能：满足0岁到10岁不同时期的儿童，从"躺"到"坐"的需求；

使用场景：室内；

用户目标：可供儿童不同成长阶段而持续使用。

一款老年人产品主题定位

现代年轻人工作繁忙，有时候会顾及不到老人们，老年人又因独居生活的关系，很容易产生抑郁、孤独等情绪，比起对老年人物质上的给予，老年人其实更需要的是心灵上的陪伴，设计师给这款产品的定义是一种可以安慰彼此的孤独感或匿名信的产品。设计师的设计想法来源于手拉灯的"拉"这个动作行为，拉开开关后，灯具会亮，那如果拉开开关后，灯会传输出不在身边的儿女或朋友给老年人的关心的问候信，产品就由灯的使用功能转变为心灵上的陪伴产品（图4-17）。

使用人群：独居、孤寡老年人；

主要功能：除了灯的照明功能，还具心灵陪伴功能；

使用场景：室内；

用户目标：心灵上需要陪伴的老年人。

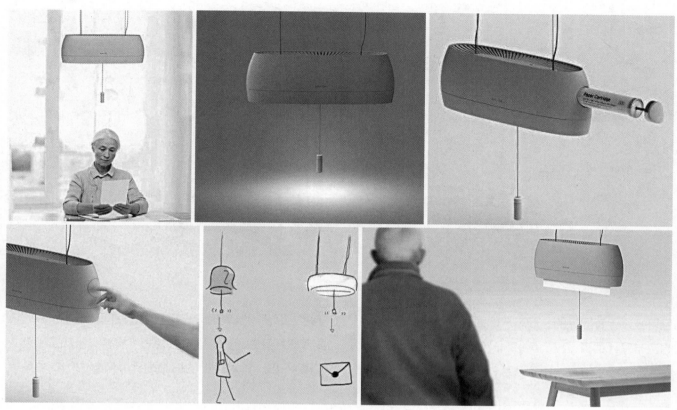

图4-17　老年人陪伴产品

4.3　产品设计的中期的分析——设计方案的反复推敲

　　产品初期的主题确定后，我们进入草图构想的阶段，草图与实际的生产应用相关，是产品设计很重要的一环。草图方案的展开思路很容易进入被造型所束缚的误区，从"外形"单一方面进行推导，就会导致方案与方案之间并无显著的区别，类似想法的方案会聚集在一起，也无法打开我们的设计创意与想法。因此，创作的过程中，需要从产品的形态与结构、产品的使用方式两大方面进行反复的系统化推敲，持续跟进不断完善，避免只流于产品的外观造型的方案的感性推敲，要兼具客观性和科学性。

　　在进行产品的形态与结构、产品的使用方式

前，我们需要清楚地了解产品的功能，功能是一件产品首要的竞争点。现代社会的发展，产品设计已经用原来从以"物"为主转变为以"人"为本。如今产品已经不是仅仅满足于一般的使用功能的需求，更是上升到如体现身份、品位等精神层面的追求。设计草图是具有实际生产的应用，是把创意构思转化为产品最终推向市场，需要考虑到产品的制造材料、使用功能、人机工程学、加工工艺等。产品设计草图需要一定的流畅感和造型感，最基本的要求是要正确表现出产品的基本透视关系、构图比例大小（图4-18）。

4.3.1　产品的形态与结构的推敲

　　产品的形态是产品的形象特性与表现形式，也就是产品的"颜值"，如果没有高颜值，就没法吸引用户眼球，因此，产品的形态的推敲表达显得尤为重要。形态

图4-18　某产品设计草图

是可被设计者把控的，形态从侧面体现了设计者的
想法与设计逻辑过程。其中，产品形态的表现要把
握产品的基本形态、比例关系、产品形态轮廓的体

量感，以及手绘表现的光影效果、空间的透视关系，还
要考虑产品的人机工程学、色彩、材料以及加工工艺。
如图4-19，针对座椅的形态设计，所形成的各种角度

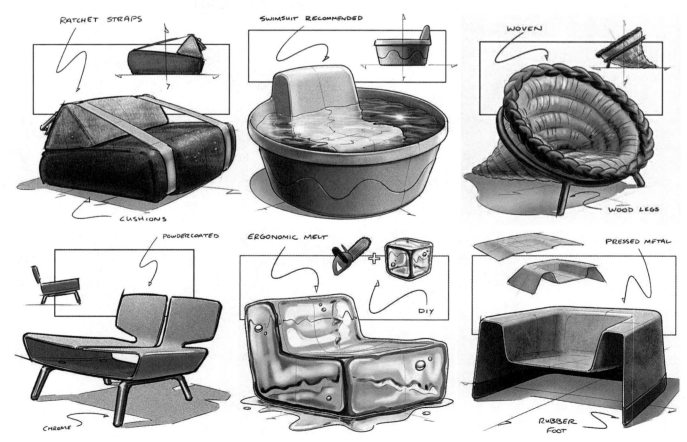

图4-19　产品手绘效果图
（来源：网络收集，转自微博用户：设计与手绘）

图4-20 不同结构的闹钟草图方案
（来源：网络收集，转自微博用户：工业设计考研小站）

不同的方案。椅子的原始功能就是让人坐，从椅子的人机因素分析，会有不同的高度、坐的面积、靠背的曲线等；材质对人的影响，运用石材、木材、金属等不同的材质，人的视觉和触觉都会不同，材料的不同，也会影响到产品的加工工艺。

产品的结构可理解为产品的支撑骨架，连接着产品各部件要素，结构束缚着产品的形态的发挥。如图4-20，针对闹钟产品的草图方案，不同的结构，产生8个不同造型与使用情景的方案。

好看的前提是具有功能性，对事物的第一印象，我们会以貌取人、以貌取物，但产品的形态不能一味地追求形态上大胆的突破，而忽略产品的核心要素——功能，我们应该"形式追随功能"，产品的表现形式应随功能而改变，兼顾产品的功能美与形式美的统一表达。

日常生活中设计师要培养自身的审美鉴赏能力。首先，要热爱生活，观察大自然，并培养自己以强烈的敏锐的视角去观察周边的环境、思考变化着的生活中的一切。其次多去看相关设计领域的作品，多看雕塑、摄影、车展、动漫、名家名画，在体验中善于多观察、多思考、多学习、多练习，在寻找美的过程中，也拓宽自己的眼界，了解社会的发展与世界的变化，要做一个有内涵的设计师，这样的设计才会有味道，设计师才能走得长远。

4.3.2 使用方式的推敲

我们要把产品放置在使用环境与使用人群的大环境中，再对产品的整个形态进行细致化的推敲。先将产品的形态要根据最基本的操作方式、产品各部件的尺寸与使用环境进行整体性的考量。然后对细节部分进行合理的把控，如操作提示灯、气孔、接缝线的处理、装饰性的图案的形状与大小、按键的位置等。细节部分的处理也要保证产品容易使用，减少使用时可能产生的容错性。我们的日常用品与电子产品大多是手持产品，因此，"手握"的产品要经过反复细节的推敲（图4-21～图4-24）。

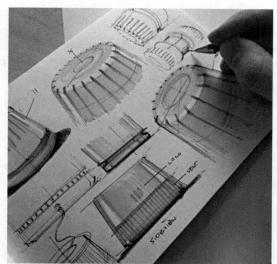

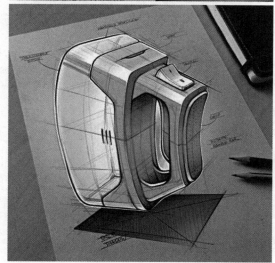

图4-21 产品推敲草图

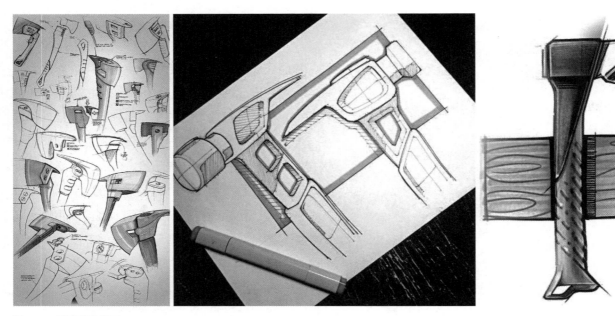

图4-22　锤子手绘草图

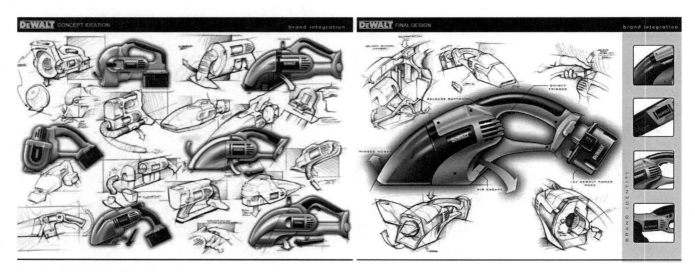

图4-23　手持电动工具草图

图4-24　产品打孔细节与把手细节

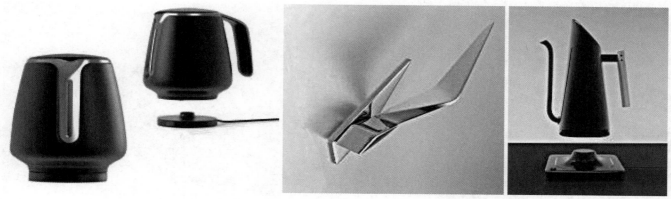

图4-24　产品打孔细节与把手细节（续）

4.4　产品设计的后期分析——方案的深部优化

产品设计不是一门单枪匹马的学科，而是涉及多学科的交叉，产品是因人的需求而产生的，唯有真正好用且诚实的产品才能在市场上脱颖而出，让消费者感到贴心且愉悦的产品就是好的设计。产品是为人所用，那么，在设计的过程中，围绕着"人""物""环境"考虑的问题尽可能全面一些，将设计思想贯穿到整个产品设计的过程中，首先，产品要符合人机工程，满足物化的客观设计需求。其次，为使产品更加的打动人心，可采用仿生设计、情感化设计，最后表现成合理的设计方案。

4.4.1　人机工程学在产品设计中的应用

当设计方案初步确立后，接下来就要考虑到方案的可行性，最根本的是要符合人机工程学，结构是否合理有效，是否利于加工工艺的批量生产。人机工程学是一门新兴的交叉学科。它起源于欧洲，形成和发展于美国。任何产品都是供人使用，为人的生产生活提供服务，人在使用过程中感到操作方便、安全、舒适、可靠，并能使人在操作的过程中感到与机器、环境协调一致。这就要求在产品设计

构思过程中，除了从物质功能角度考虑其结构合理、性能良好，精神功能角度考虑其形态新颖、色彩协调等因素外，还应从使用功能的角度考虑到其是否操作方便、舒适宜人。

我们在日常生活中无时无刻不在与产品发生联系，我们会使用这些产品，也就会产生人机关系。人机关系中所指的"机"除了人们通常所说的机器外，还包括各种各样的工具、仪器、仪表、设备、设施、家具、交通车辆以及劳动保护用具等。因此，产品设计时需要运用人机工程学的研究成果作为理性指导，合理地运用人机系统设计参数。如图4-25所示，亚洲人的手的长度普遍小于欧美人的手，对于肛肠吻合器来说，现有产品的长度和手柄大小对于亚洲的外科医生而言并不合适。因此，设备整体尺寸进行了缩短，手柄握持的部分也相应变短，才能够使得握持舒适，方便亚洲医生使用此设备。

为了避免对人体工程学的应用容易流于表面数据，除了知道人的生理尺寸的简单应用，也要对人的思想、

图4-25　肛肠吻合器

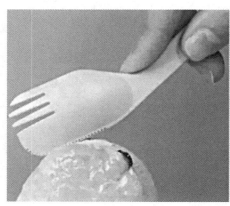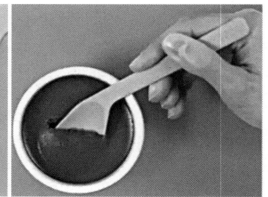

图4-26　Tritensil餐具

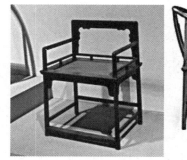

图4-27　明代座椅

精神、情感和人性上的差异和诉求进行研究。在众多方案中选择出最佳方案，把"人的因素"充分考虑进去，如产品的颜色使用与人的心理关系，操作界面的按钮分布位置与层次，都要体现为人设计，提供的是可用、易用、满足消费者心理需求，自始至终都符合大众的消费观。

－相关案例－

Tritensil餐具外观看上去非常简单，但是细节之处有精心设计过。餐具头部和手柄不对称弯曲，倾斜角度呈40°，这个角度可以让人的食指稳定地进行切割动作，同时能保护手指不被锯齿状的边缘割到（图4-26）。

在明代，尤其是在最典型的坐具——椅子上，更是体现得淋漓尽致，它以造型古朴典雅、做工精湛、材质优良而著称，具有很高的艺术美感和严格的比例关系。

明代座椅是没有座面倾角的，这无形中增加了人们坐它时的疲劳感，减少了它的舒适性，但是有利于工作和学习，而不适合休息。扶手的设计使人体处于较稳定的状态，可以使手臂有所依靠，同时为改变坐姿和从座椅上站起等动作起到支柱作用，人体工程学要求扶手的高度一般以人的手臂可以自然下垂为宜，过低或过高都会让人感到不舒服，明代座椅在扶手高度的设计，与人机工程学要求的尺寸还是非常吻合的（图4-27）。

人机工程的产品分析原则：

（1）针对人的生理需求与心理需求，设计出最理想的产品。办公室白领长期不良的坐姿或长久停留在电脑前，最容易造成颈项肌的疲劳，最终导致颈椎病。如图4-28，使用这款座椅坐下时伸展或摇晃，提供更加宽广的活动空间与范围，坐下时，其背部可让人保持良好的姿势，站立时可将凳子抬高以舒适地靠着。

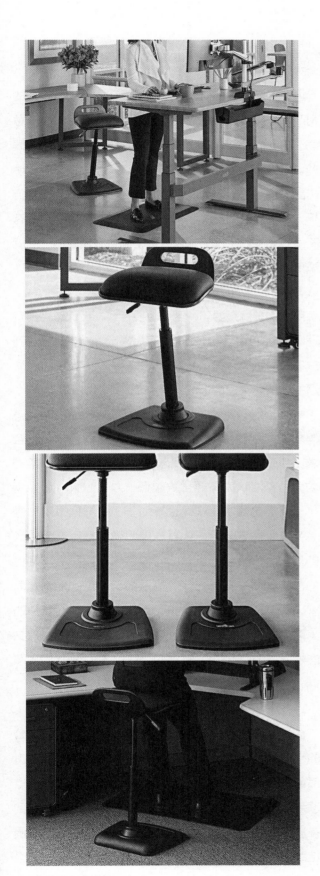

图4-28 办公座椅设计

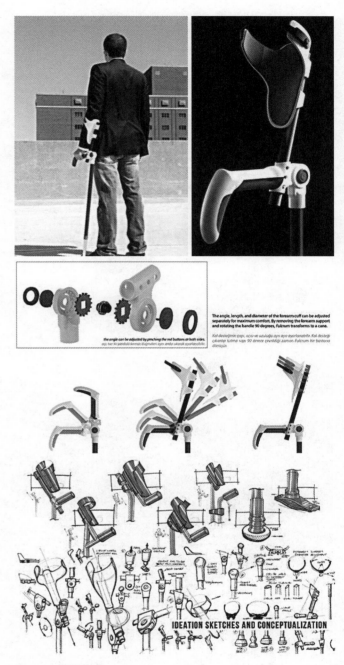

图4-29 拐杖设计

（2）通过人体参数选择，对人的机体开发能起到
促进和刺激作用，激发对生活的热情。如图4-29，这
个产品有别于传统的大众拐杖，将产品绑缚在手臂上，
用户可以将其作为前臂拐杖使用。它宽大的橡胶头有助
于增加牵引力，减少意外打滑受伤的风险，从而让他们
走得更踏实。

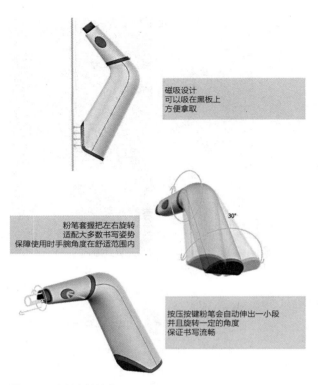

图4-30　弯折式粉笔套

磁吸设计
可以吸在黑板上
方便拿取

粉笔套握把左右旋转
适配大多数书写姿势
保障使用时手腕角度在舒适范围内

30°

按压按键粉笔会自动伸出一小段
并且旋转一定的角度
保证书写流畅

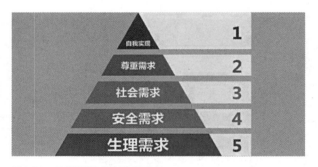

图4-31　马斯洛需求的五个层次

1　自我实现
2　尊重需求
3　社会需求
4　安全需求
5　生理需求

（3）通常情况下人和机器相互影响，因此，要为操作者创造舒适的氛围，减少其内心的紧张感觉。在使用产品的过程中，人体能处于自然、放松的状态进行操作，产品在肢体活动的正常范围之内不会产生疲劳。心理上的舒适感受也要考虑。长时间使用粉笔书写，身体其他部位也会有疲劳感，例如，当举起胳膊在高处书写会加剧大臂及肩部疲劳。而弯腰在低处书写，会加剧腰部疲劳。为解决这一问题，设计的弯折式粉笔套可以改善疲劳，增大书写效率（图4-30）。

4.4.2　用户需求分析

设计是有目的的进行人造物的过程，我们所设计的任何产品，都是被人所需要的，设计师的产品不是随意的表达自身的想法，设计师的想法与用户是存在认知偏差的。所以，我们要了解究竟是谁在用，也就是说要明确产品的使用对象。因此，就要围绕着用户的需求进行分析，使用对象的不同，设计的出发点与突破点也就有所不同。如果对用户的需求分析不到位，后期的产品就无法落地（图4-31）。

1. 什么是用户需求

用户需求就是要了解用户想要什么，设计者需要有同理心，站在用户的角度，对产品提出诉求，最终达到用户期待的解决方案。在进行用户分析时，会使用到马斯洛的需求层次理论。这个理论是马斯洛在《动机与个性》中提出的，可将人的需求分为五个等级，把人类的需求按照层级由低到高，分别是：生理需求、安全需求、社交需求（爱和归属感）、尊重需求和自我实现需求。马斯洛认为需要层次越低，力量越大，潜力越大，马斯洛的需求层次理论有助于了解与把握用户需求。在进行需求分析时，首先要明确目标用户有什么样的需求，然后这些需求会对应需求本质层级，寻找人的需求本质。有时一款产品是要满足用户的多方面需求，例如故宫文创产品，产品本身不仅要满足用户的审美需求，同时，也要找到情感上的共鸣，感受故宫文化的魅力，体现出对传统文化的热爱，进而获得归属感（图4-32）。

2. 怎样挖掘用户需求

很多年前，索尼公司开发了一款新的音箱，于是公司的市场部邀请一部分客户去做访谈，在谈到大家对音箱颜色的偏好时，客户纷纷表示，自己喜欢青春靓丽点的颜色，如：蓝色、绿色、黄色等，这样的说法也得到了在座的各位客户的认同，于是这次访谈在愉快的氛围中结束了。会后，索尼市场部的同事宣布赠送每人一个音箱作为答谢，各色的产品，大家却都挑选的是黑色。

图4-32　故宫文创产品

这个案例从侧面说明，用户所说与用户行为存在矛盾，我们需要对用户的需求进行深入的挖掘。

按照用户对需求表达的程度，需求有可见的，也有不可见的，也就是显性需求和隐形需求。显性需求是指用户自身意识到的产品的功能和特性，并有能力购买且准备购买某种产品或服务的有效需求。隐性需求则是指用户不能清楚地描述出自己的需求。隐性需求与显性需求有着千丝万缕的联系。对于设计者，往往显性需求比较容易识别，而隐性需求则比较难识别，用户是否对产品满意，是否会购买其产品，隐性需求起着很大的作用。怎么挖掘隐形需求就变得尤为重要。因为，隐性需求来源于显性需求，一旦了解用户的显性需求，其隐性需求就会被提出。

要挖掘并了解客户的隐性需求是什么，进而分析出客户的真正需求是什么。汽车发明之前人们只想要一匹更快的马，这句话背后的含义表明人们的隐性需求其实是汽车，和马并没有必然联系，而是一种比马更快的交通工具，甚至是飞机。

4.4.3　通用设计

通用设计理念的兴起源于20世纪50年代美国牧师马丁·路德·金的黑人民权运动。在满足残障、老弱、病患人士在生理层面的无障碍需求后，更进一步上升到心理层面之需求。这个概念的前身是过去我们所熟悉的"无障碍设计"，当时一位美国建筑师麦可·贝奈（Michael Bednar）提出：撤除了环境中的障碍后，每个人的能力都可获得提升。他认为建立一个超越广泛设计且更全面的新观念是必要的。任何人都能公平地使用，排除差别感。

通用设计是一种基于人本精神，体现人人平等、充满爱与体贴关怀的设计概念。通用设计的核心思想是：把所有人都看成不同程度的能力障碍者，即人的能力是有限的——在不同年龄阶段，人们具有的能力不同，在不同环境具有的能力也不同。通过把使用者具体化，关注每一个不同特点使用者的需求，从而创造更具包容性的环境和产品，实现产品使用者的普遍关照。

设计的后期，我们要仍绕着"以人为主"的原则，应该融入通用设计理念以提升更广泛用户的使用体验，经过数十年的实践与研究，北卡罗来纳州州立大学通用设计中心将通用设计理念精炼成7大原则：

1. 原则一：公平地使用

针对具有不同能力的人，产品的设计应该体现公平公正，是可以让所有人都公平使用的。提供人人平等的私密性和安全性，尽量消除差别感，减少使用者的不安、焦虑等不良情绪。指导细则：

（1）为所有的使用者提供相同的使用方式；尽可

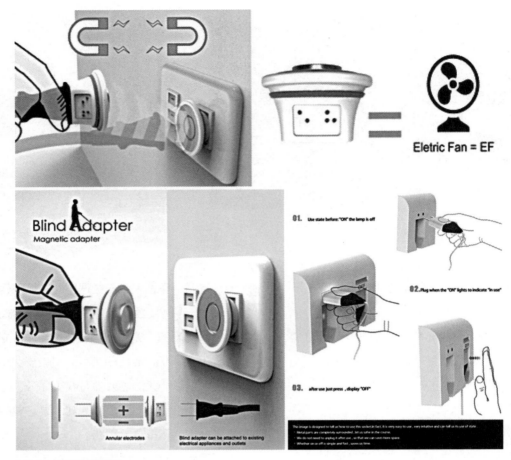

图4-33　吸铁插头设计

能使用完全相同的使用方式；如不可能让所有使用者采用完全相同的使用方式，则尽可能采用相类似的互通的使用方式；

（2）避免隔离或歧视特殊使用者；

（3）所有使用者应该拥有相同的隐私权和安全感；

（4）能引起所有使用者的兴趣。

-相关案例-

图4-33中的插座设计与普通的家用插头不同，它增加了一个插座夹具，为盲人与老年人使用提供了安全保障，盲文标签允许一个识别器插入，适应现有的电源插座和具有环形磁电极使插头固定在插座。

2. 原则二：可以灵活地使用

设计要尽可能地迎合大部分人的喜好。产品的

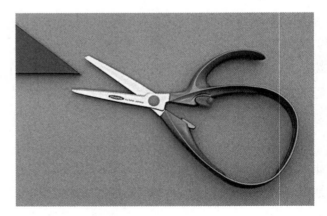

图4-34　左右手通用剪刀

使用环境要自由，即使在环境变化下，仍具有使用性，使用的准确性和精确度不会受到影响（图4-34）。

指导细则：

（1）提供多种使用方式以供使用者选择；

（2）同时考虑左撇子和右撇子的使用；

（3）能增进用户的准确性和精确性；

（4）适应不同用户的不同使用节奏。

3. 原则三：简单而直观

设计产品的使用方法应该是容易理解的，而不会受使用者的经验、知识、语言能力所影响使用产品的流畅度。

指导细则：

（1）去掉不必要的复杂细节；

（2）与用户的期望和直觉保持一致；

（3）适应不同读写和语言水平的使用者；

（4）根据信息重要程度进行编排；

（5）在任务执行期间和完成之时提供有效的提示和反馈。

－相关案例－

unnurella是一款滴水不沾雨伞，采用最新纺织科技的高密度材料制成，它是目前世界上防水性能最好的材质，而且还有阻隔约99%的紫外线功能，可以一伞两用，挡雨又防晒。细节设计也不马虎，长伞握把使用硅胶素材，有防滑作用，可以让伞靠墙立起而不必担心倒地（图4-35）。

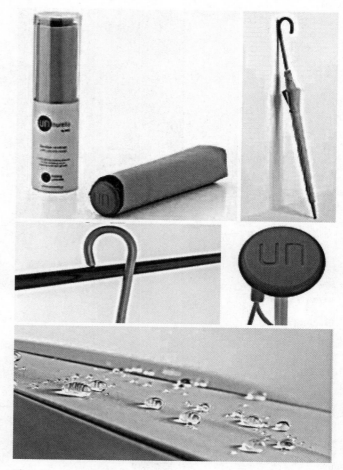

图4-35　unnurella雨伞设计

4. 原则四：能感觉到的信息

无论四周的情况或使用者是否有感官上的缺陷都应该把必要的信息传递给使用者。

指导细则：

（1）为重要的信息提供不同的表达模式（图像的、语言的、触觉的），确保信息冗余度；

（2）重要信息和周边要有足够的对比；

（3）强化重要信息的可识读性；

（4）以可描述的方式区分不同的元素（例如，要便于发出指示和指令）；

（5）与感知能力障碍者所使用的技术装备兼容。

－相关案例－

日本梅田医院是一家妇产科和儿科医院，原研哉结合梅田医院特点，用可拆卸的棉布为医院做了一系列的导视识别系统，柔滑了触觉空间，通过通感设计强化了导视信息的意义，导视识别系统之所以特意使用了不耐脏的白色棉布，就是想通过保持洁白的标志，向到医院来的人传递医院对于空间管理的专业性这一信息（图4-36）。

5. 原则五：容错能力

设计应该可以让误操作或意外动作所造成的反面结果或危险的影响减到最少。

指导细则：

（1）对不同元素进行精心安排，以降低危害和错误：最常用的元素应该是最容易触及的；危害性的元素可采用消除、单独设置和加上保护罩等处理方式；

（2）提供危害和错误的警示信息；

（3）失效时能提供安全模式；

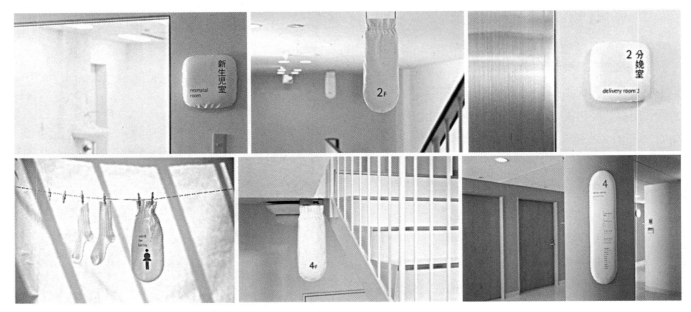

图4-36　日本梅田医院导视设计

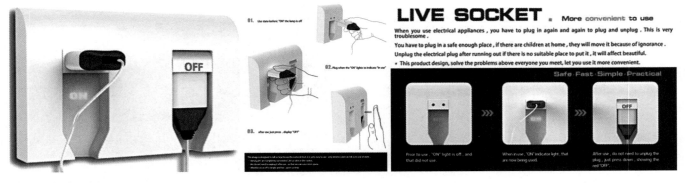

图4-37　插头设计

（4）在执行需要高度警觉的任务中，不鼓励分散注意力的无意识行为。

-相关案例-

插头会以闪光表示在使用，电子设备充满电时，插头向下旋转90°，表示断开电，既能保证安全，又节能，避免错误操作（图4-37）。

6. 原则六：尽可能地减少体力上的付出

设计应该尽可能地让使用者有效和舒适地使用，而丝毫不费他们的气力。

指导细则：

（1）允许使用者保持一种省力的肢体位置；

（2）使用合适的操作力（手、足操作等）；

（3）减少重复动作的次数；

（4）减少持续性体力负荷。

-相关案例-

表带是一片柔软的、富有弹性的软带，以帮助和支持手或手指减轻一些压力和疲劳，往往与工具使用，可以很容易地连接到许多不同类型的工具（图4-38）。

7. 原则七：提供足够的空间和尺寸，让使用者能够接近使用

提供适当的大小和空间，让使用者接近、触及、操作，并且不被其身型、姿势或行动障碍所影响。

指导细则：

（1）为坐姿和立姿的使用者提供观察重要元素的

图4-38　辅助软带

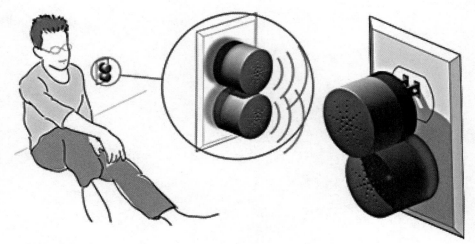

图4-39　插头喇叭

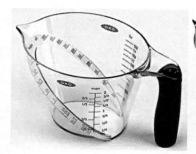

图4-40　OXO轻松看量杯

图4-41　可标记纸杯

清晰视线；

　　（2）坐姿或立姿的使用者都能舒适地触及所有元素；

　　（3）兼容各种手部和抓握尺寸；

　　（4）为辅助设备和个人助理装置提供充足的空间。

　　三项附则：

　　（1）可长久使用，具备经济性；

　　（2）品质优良且美观；

　　（3）对人体及环境无害。

　　-相关案例-

　　设计师Jinseup Shin创造了一个非常简单和灵活的插件和享受者的概念这一问题的解决方案。有一个电源适配器插入任何出口和扬声器设计收到你的立体声音响，iPod的FM信号的大小，手机或其他任何可以连接到一个调频发射机。一旦插入，信号LED灯将变成蓝色。如果它找到了正确的站只需等待3秒，直到LED变成红色，此时旋钮控制音量。如果音量不够响亮你可以简单地连接同一个房间额外的扬声器（图4-39）。

　　在使用传统量杯时，我们总是要倒进一些液体，然后弯下腰或者举起量杯去看刻度，OXO刻度斜置量杯独有的杯面完全解决了这个问题。你只需直接从上往下看，就能知道具体的测量刻度，对不便弯腰或举高量杯的使用者来说非常方便（图4-40）。

　　利用纸张可弯曲的特性并且印制数字，在聚会时选择属于自己的数字往上翻，可解决多人使用纸杯时认错自己的纸杯和纸杯浪费的情况。该作品获台湾省第一届通用设计奖首奖（图4-41）。

第**5**章

见微知著——
关注产品设计的细节

通常意义上，产品的形象呈现在两个方面：视觉可见的，表征的；视觉不可见的，本质的。产品的外形，是产品外在形象传递给人们视觉效果；产品本身的功能属性则是通过使用者与产品产生互动后得以体现。在产品的设计表现中，产品的执行力与完成度体现在产品设计过程中的每一个细节层面，并贯彻在整个产品设计的过程中，设计师通过切实满足使用者对产品的实际需求，用设计的方式隔空与使用者对话，是设计师在整个设计环节中创造并表达设计最终形态的一种手段，起着举足轻重的作用。

经过对产品设计市场和完整的系统性的产品设计分析后，本章着重对产品设计的创意表现中产品设计细节进行详细阐述。

产品设计表现也就是产品设计手绘，设计师通过手绘的形式，把产品定位、设计构思、创意想象与产品构成元素结合以产生能够解决实际问题的虚拟形象视觉化的过程，而且这个过程是可以不断被修整、优化的过程。分为四个步骤：产品设计定位—记录创意、设计构思—推敲形体、组合产品元素—产品形象的视觉化。在这过程中，要想准确地将产品的形态予以表达，首先要建立在对三维透视、空间构成、光影视角的准确理解上围绕创意的产品形态进行视觉化思考，再进行有效的视觉化传递。

5.1 视角的选择——产品设计的起点

5.1.1 设计视角

产品设计的过程，是一个物件被创造的过程，一个产品在我们视觉可见时所能传达给我们的信息通常也是产品自身所表达的涵义，包括外在表象以及内在内涵。因此产品的设计就是我们在创造物件时要将它的形态和内涵都清晰地表达出来，与此同时这也是对产品设计的一个认知过程。影响产品设计与认知的因素有很多，可能是功能实用性、造型认知性、色彩辨识性、甚至元素表征性等，是造成产品设计最终视觉效果的可选择视角，给产品设计明确定位，是产品设计的起点。

1. 设计的实用性和美感

（1）产品功能的实用性

产品功能就是这件产品所具有的特定职能，即产品总体的功用或用途，指产品能够做什么或能够提供什么功效。消费者购买一种产品实际上是购买的产品所具有的功能和产品使用性能。比如，汽车有代步的功能，冰箱有保持食物新鲜的功能，空调有调节空气温度的功能。与顾客的需求密切相关，如果产品不具备顾客需要的功能，则会给顾客留下不好的产品质量印象；如果产品具备顾客意想不到但很需要的功能，就会给顾客留下很好的产品质量印象；如果产品具备顾客所不希望的功能，顾客则会感觉企业浪费了顾客的金钱付出，也不会认为产品质量好，不会为产品买单。

（2）产品外观的美感

造型美感是赢得消费者喜爱的第一块敲门砖，当产品的外形被大众都能够喜爱和接受时进而会泛化到其他有关的一系列特性上，也就是从局部信息形成一个完整的印象，一好俱好，一坏俱坏。产品造型的设计美通常被认为比不美的设计好用，从逻辑理解上来看，这样的设计摒弃形式追随功能一味追求产品的美感，美即好用这个效应在产品设计的接受度、使用度以及效能表现上，都得到验证。事实上，产品的功能更多的是隐性的，但是人们在实际消费过程中，常常看到一件产品在外观造型方面很出色时，往往就会自然而然认为这件产品在其他方面也会出色。甚至与这件产品同属一个品牌的情况下，只要认定这件产品不错，就连带其他系列产品都一定会有好的品质。作为设计师，在面对消费者对一件产品有使用需求时，产品设计的着手点就在于能够让消费者使用过后的体验同样是喜爱才真正明确，一眼看去的造型表面并不能够实事求是对这件产品作出整体评价。古语云：人不可貌相，海水不可斗量。与人一样，产品若能做到在消费者"以貌取物"之后仍具备过硬的使用价值时，才真正做到实现其价值的可贵。

2．对设计的认知

（1）容易识别

产品的大小、形态、对比、功能分区都影响着产品自身传达讯息的清晰度，产品由其自身属性即造型和功能的有效整合，因此在设计过程中，产品设计的辨识度会对设计要素的整合提出一定要求。

–举个例子–

就拿与我们生活息息相关的垃圾分类来说，垃圾分类在上海已经实施，全国另外45个重点城市也要开始施行。有可能最让人头疼的不是把垃圾分类，而是没有一个较好的垃圾分类环境来更好地实现生活垃圾有效分类，图5-1中的垃圾桶，是双层三分格垃圾桶总容量45L，属于中型垃圾桶，适合放在厨房，汇总家里每天产生的各类垃圾。

垃圾桶高79cm，和台面差不多齐平，扔垃圾不用弯腰，舒舒服服，也不容易把垃圾洒到外面。设计很人性化，特别好用。家里最多的是干、湿两种垃圾，而且湿垃圾（食物）和干垃圾（食物包装袋）经常同时产生。所以，最便于操作的上层两格，就用来放干、湿垃圾。套上袋子以后，也是完全隔开的。盖子，也是干桶、湿桶各自一个。有时候我们只扔干垃圾，如果盖子是共用的，就不得不同时感受一番湿垃圾的气味了。盖子分开，就避免了这个问题（图5-2）。

桶的下面，放可回收垃圾，15L容量。平时扔垃圾的时候只要打开一个口子就行，如图5-3。需要倒垃圾时，可以整个提出来，方便操作。常见的塑料瓶、纸张、牛奶盒等，存3～5天的量没什么问题。可回收垃圾不易腐，一般也不会很脏，所以存上几天再倒也行。有了妥善的存放处，不用每天去扔，也比较省力。

中间是灰色分隔件，把空间一分为二，顶部还有个卡件。边缘有灰色的扣环。可以把垃圾袋卡牢，扔东西进去的时候不会带跑。中间隔板取出，上层就变一个桶了，如图5-4。桶内的零件都是可拆卸的，也是方便清洗。如果碰上家里请客，湿垃圾一下子特别多的时候，就可以这么用。

垃圾桶左右两边的拉手，形状符合人体工程学，拉起来很舒服。拉手还有个妙用：某一类垃圾多出来桶里放不下，或者有什么东西台面上放不下时，可以临时挂

图5-1　和匠Worldlife双层带滚轮分类垃圾桶1

图5-2　和匠Worldlife 双层带滚轮分类垃圾桶2

图5-3　和匠Worldlife 双层带滚轮分类垃
圾桶3

图5-4　和匠Worldlife 双层带滚轮分类垃圾桶4

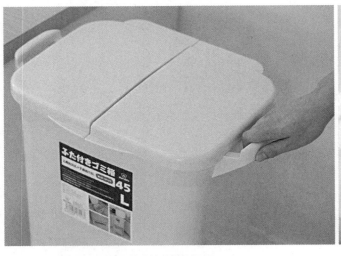

图5-5　和匠Worldlife 双层带滚轮分类垃圾桶5

一下，如图5-5。底部有4个万向轮，顺滑好推，倒垃圾的时候，可以整个推到家门口，再分别把3个垃圾袋取出，整洁又方便。整个垃圾桶的设计，不仅搞定了垃圾分类，垃圾区还很整洁，会让消费者感觉到扔垃圾时心情都很好。

5.1.2　强调手法

　　产品设计过程中的强调手法是一种把注意力带到设计的元素中非常有效的技巧，但可看得见的设计里，被强调的内容不能超过百分之十，而是要把它们持续应用在整个设计里，可以在形态别致、颜色鲜明、加粗加重的方式达到强调效果。

　-举个例子-

　如图5-6西泠印社的龙凤对章，古之君子多配印章，君子一诺千金，印章落下，便是凭信。谦谦君子，人中龙凤，天生一对的龙凤，与君子风雅相称。小小的一方印章，代表着一份信任、一个承诺、一种风雅。而龙和凤元素，是中国传统神话故事中的形象，是高贵和吉祥的象征，福运绵长。因此，这一对龙凤随心印，很适合作为夫妻、情侣对印。

　当然，单独一方龙印章或凤印章，也适合"人中龙凤"的你本人，如图5-7。

　印章配有专属的"印笼"。印笼是古人用来收纳印章的小盒子，常被系在腰间，方便携带，如图5-8。

印笼上半身采用珍贵木材制成，龙印章为深色的紫光檀木，凤印章为浅色的黄杨木。一暗一明、一刚一柔，相得益彰。如图5-9在自己的作品上钤印，自古就是雅趣乐事一桩。印章造型源自中国古代宫殿建筑的石柱，采用黄铜材质，选取典型的龙、凤形象，浮雕于印章四周。龙凤盘旋而上，造型生动、熠熠生辉。有诗云："斗大黄金印，天高白玉堂"，这样一方印章，适合志存高远之士。

　印笼的下半身为黄铜材质，黄铜色泽温暖，搭配天然木材，简约又复古，如图5-10。随着时间的流逝，整个印笼还会产生独特的包浆。最下端是一个小印盒，旋开后可以盛放印泥。印章、印盒、印笼一体，方便随身携带，随时钤盖，这也是"随心印"名称的由来。

　印章本身的雕刻，采用了传统的蜡模浇注工艺。这种铸造方法会使成品的造型更加稳定，纹路也更精细。印笼的木质部分，以纯手工打磨塑形，黄铜部分则为纯

图5-6　西泠印社龙凤随心印1

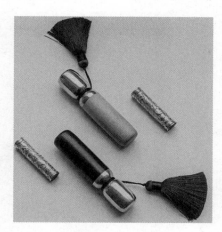

图5-7　西泠印社龙凤随心印2

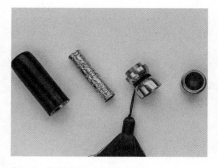

图5-8　西泠印社龙凤随心印3

图5-9　西泠印社龙凤随心印4

图5-10　西泠印社龙凤随心印5

图5-11 西泠印社龙凤随心印6

手工抛光，如图5-11。如此用心，细节才能经得起考验。

5.1.3 图像表征

作为更能加强辨识度的图像，能提高人们对标示涵义和具体操作行为的记忆力。让产品在产品本身、展示美、行动或概念都可以通过视觉图像来实现。设计元素可以被视为图形（焦点物件）或背景（其余的感知范围），当产品设计的图形与背景关系清晰分明，二者之间的关系也更为和谐稳定，图形元素会得到更多的注意并且比背景更容易被人记得，其所代表的象征涵义也就更清晰地进行了传达。

图5-12 润物声 上上签书签1

–举个例子–

品牌润物声设计的一款上上签书签就很好地利用了这一理念，如图5-12。通过精选四组雅词，将原本方块的汉字通过解构的方式，将笔画重新设计组合，形成新的有着东方韵律美感的图形签文，分别描绘四重人生心境，组成一套上上签，寓意伴随人生的美好时光。汉字笔画的美感和张力都得以加强，解形而不解意，保留汉字独特美感的同时，依旧能够传达文字的原意。

四款书签分别是：

（1）自在——从容宽和，惬意游心。

（2）欢喜——心安自然，常乐欢悦。

（3）由心——澄净泰然，任心由意。

（4）得意——志得意满，万事大成。

材质与工艺方面的选择更能衬托书签图形元素所表达的背景含义，选用细密坚实的酸枝木心材，手感温润适手，越用越有质感。边缘弧度设计，过渡至1mm极致薄度，追求美感的同时，还原书签的原始功能。顶端以头层牛皮饰以铜钉扣，材质混搭，诠释现代设计风格。用透雕的方式演绎签文，光影掩映，创造与众不同的美感，如图5-13。翻阅书篇，晕染书香，更添温润雅趣。

5.1.4 辨识比回想重要

比起从记忆中回想某些东西，人们比较能够辨识曾经经历过的东西，辨识比回想容易。产品设计中，产品

图5-13 润物声 上上签书签2

造型或操作程序要尽量减少从记忆中回想咨询的需求，利用已有的、辅助或功能类似的方法创造清晰的实用信息。

–举个例子–

如图5-14，是一款带放大镜的指甲钳，放大镜与指甲钳这两样东西是人成长过程切切实实存在于生活记忆中的物品，二者结合起来时也毫不影响产品使用者对产品的定义，它就是一个有着放大镜的指甲钳。放大镜就在刀口上方，剪指甲的时候，指甲和刀口都放大了，指甲边缘的形状、刀口的位置，会因为放大的效果而变得十分清晰。由于放大的附加功能，在为产品的使用者进行定位时，也很明确为老年人、近视人群。

二者的结合并没有影响到任何一方的使用需求，为了拥有较好的手感，各部位的设计都符合人体工程学，如图5-15。压杆上有波浪形的防滑凹槽，握着舒服，无论是自己剪还是给别人剪，都很方便。

还有一些设计巧妙之处，使得操作简单。放大镜的杠杆可以180°转动，要用的时候，先掰到后面，把指甲钳打开后，再掰回前面就可以了。放大镜的放大倍率，近距离是1.5倍，抬高一些还能放得更大，如图5-16。使用者在剪指甲的时候可以看得很清晰，更容易剪出好看的形状。放大了以后误伤皮肉的概率大大降低。

指甲钳的背面，还附有一块磨砂纹理的锉面，剪完指甲以后，可以轻轻锉几下，磨过的指甲边缘非常顺滑，不尖锐，不扎人。磨砂锉面辨识度很强，记忆中的指甲刀都有磨砂锉面，自然而然地每个功能都能物尽其用，并且做到了使用者拿来即用（图5-17）。

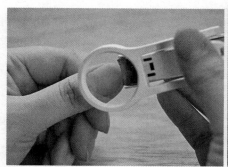

图5-14 贝印kai 带放大镜的指甲钳1　　图5-15 贝印kai 带放大镜的指甲钳2

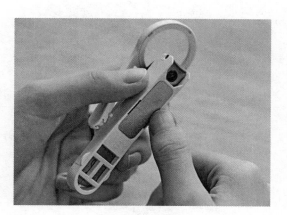

图5-16 贝印kai 带放大镜的指甲钳3　　图5-17 贝印kai 带放大镜的指甲钳4

5.2　产品设计中设计语言的运用

当我们发觉我们在生活中需要越来越多的产品，逐渐与产品的关系变得越来越亲近时，在满足基础实用功能的条件下，通过造型、色彩、材质和使用方式等各种表达方式与使用者在互动过程中进行情感化交流，即对话。

产品设计总是要吸引消费者的目光并对其产生购买兴趣，继而在使用过程中更要让使用者感受到其实用性的同时产生使用的愉悦感。在这一系列动作中扮演关键角色的就是产品设计语言的运用，即产品语义的应用以及赋予产品的视觉、触觉的情趣化设计与色彩搭配。

一件好的产品设计往往会让人们在使用过程中感受到舒适、愉悦，从而给日益紧张的现代生活带来更多的情趣。产品具有好的功能是重要的，产品让人易学会用也是重要的，但更重要的是，这个产品要能使人感到愉悦。

5.2.1　产品语义学在产品设计中的应用

产品语义分为外延符号与内涵符号，外延符号用于辅助传达功能语义以表达产品的功能用途和操作规则；内涵符号用于强调产品的情感语义和文化语义，以使产品与使用者之间进行情感和文化内涵的沟通。

1. 外延符号

外延符号的应用要做到激发使用者的体验或认知，是无关于文化背景的学习、生理、心理等人类的先天行为体验方式。

（1）本体觉符号

本体觉符号是人类身体部位收缩与拉伸时而产生的一种固有信息，是人类充分感知自身身体与肢体所处状态与位置的感觉系统。若通过人机工程分析使产品与使用者联系在一起，让本体觉符号通过身体的姿态与动作形状产生联想，就可以确认产品对合理姿势的表达，如图5-18，使用氧化锆制作的卷笔刀，造型简洁小巧，易于收纳且便于携带，人机互动合理，产品的使用就与人手活动姿势融合。

（2）形态符号

利用产品的形态（整体或局部）向人们传达功能与操作涵义。

–举个例子–

如图5-19，MUMO木墨设计的"一棵树衣架"结构非常简单，就像一颗真正的树，自成体系，枝桠会动，木质的榫卯结构使得衣架稳固且承重强，制作过程刻意使用可循环再生的森林资源以及木蜡油作为产品材质也是为表达一种善意的存在，对家庭的一种营造，对自然资源的一种合理运用。

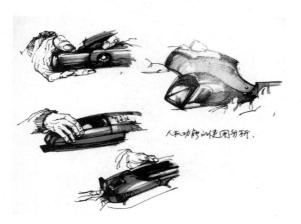

图5-18　陶瓷卷笔刀

图5-19　MUMO木墨"一棵树衣架"

图5-20　Millefiori米兰菲丽芬芳钥匙扣

图5-21　MUMO木墨木质鹅卵石

（3）色彩与光符号

利用色彩与其所传达的含义与功用的关系给使用者传达产品使用讯息。

–举个例子–

如图5-20，产品是芬芳钥匙扣，挂坠小空间里面是一整块固态香胶，香味可以维持2~3个月，可以拿在手上，手留余香，女生也喜欢挂在车钥匙上，开车时整个车里都是香的，如果挂不上车钥匙，直接挂在车里也是可以的。可以看到，芬芳钥匙扣不同颜色代表着有多种不同香味。黄色这款鲜艳亮丽最受欢迎，气味为香草味：提取香草、柑橘的味道，这是很甜蜜的味道，能提神醒脑、让人心情愉快，尤其受年轻女性的青睐。

（4）肌理符号

包括视觉肌理与触觉肌理，产品设计中的肌理设计是产品实际使用时的语义提示。

–举个例子–

如图5-21，一眼便可看出是木质鹅卵石，原材质选用黑胡桃木，木与石完美结合将一块木头打

磨成任意形状，随着使用和岁月的推移却愈发熠熠生辉。鹅卵石、芦苇、苔藓，这些东西看似无用，其中却蕴含着有趣的美。手工打磨的这些木头鹅卵石，也是在追求一种"无用之用"，或者它们期待你以自己的方式去找到其用处。黑胡桃木由内而外散发出温润的光泽和气质，这大抵是文人墨客喜爱木头的原因。看似简单的形状，其实背后的工艺远超你的想象。每块木头都由匠人们手工打磨，独一无二。哪怕时光在走，而它慢慢变旧，却残留下每个使用者的烙印，也可以放在茶桌上随时赏玩，表达一种茶桌上的禅意。或是把精油滴在表面，让香味自然挥发或渗透在木头里面。

（5）位置与方向符号

产品的使用要明确地表达位置与方向，做到与操作产品时的实际需求与空间相匹配。

–举个例子–

如图5-22，不锈钢PP塑料材质的可折叠四面擦菜器，作为厨房必需品之一的擦菜器，必须具备实用功能，刀片根据不同种类的蔬果进行设计，紧握把手、方向朝上，将蔬果逆向刀片向下擦菜。四片可开合式设计

图5-22　Joseph Joseph可折叠四面擦菜器

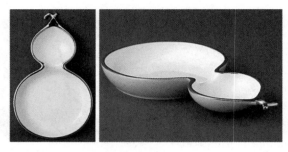

图5-23　夫人瓷葫芦形状瓷器果盘

更是节省厨房工具类橱柜很大的空间。

　　2. 内涵符号

　　内涵符号更多表达的是产品所传达的文化性，需要一定的文化背景，包括地域、社会、情感等。内涵符号通过象征、明喻、隐喻、应用等方式传达产品所要表达的内容。

　　（1）象征

　　符号的形式与所代表的事物之间虽无自然的联系，但是文化的法则或约定俗成决定其象征意义。

　　-举个例子-

　　葫芦作为中国传统文化符号与"福禄"谐音，且器形像"吉"字，寓意大吉大利，有着福禄双全的象征意义（图5-23）。

　　（2）明喻

　　利用符号的形式与相对应的产品之间建立相似性的联系来向使用者传达讯息。

　　-举个例子-

　　如图5-24，产品名为"风竹"筷子套装，筷子整体造型像竹竿，完全仿天然的竹节雕成，赋有竹子的挺拔、秀气的喻义，材料选用红酸枝、黑檀木，筷架则选用不锈钢材质，形似一整段竹节，很有意境。

　　（3）隐喻

　　与明喻相反，采用暗示的方式使产品与使用者建立关联。

　　-举个例子-

　　如图5-25器名：天长地久全金边对碗，利用天长地久之合，寄予新人白头到老、百年好合的美好祝福。

　　（4）引用

　　将文化符号直接与产品设计结合，为产品设计的主体服务。

　　-举个例子-

　　如图5-26，餐具上的图案选取了中国传统名花牡丹，用国画的手法演绎，结合"夫人蓝"的背景，尽展

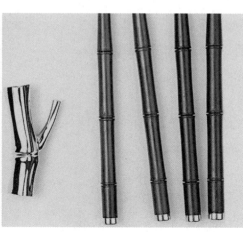

图5-24　浦poa'筷子

图5-25 天长地久全金边对碗

图5-26 夫人瓷餐具

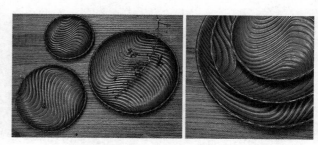

图5-27 树绿波纹圆餐盘，姚继亮作品

华丽和低调，栩栩如生，高贵大气，既直接又婉约地表达出了中国的传统美。

（5）生理与心理作用

一些凭借直觉与感受所接收的产品的讯息，例如直线条与平面表达更简洁干练；流畅饱满又富于变化的线条则更充满活力。

–举个例子–

如图5-27，产品由可塑性极强的陶土塑形"树绿波纹圆餐盘"，有种回归土木自然的朴实与清新。

5.2.2 产品设计中的形态设计要素

现代产品一般给人传递两种信息，一种是知识即理性信息，如通常提到的产品的功能、材料、工艺等；另一种是感性信息，如产品的造型、色彩、使用方式等，其更多的与产品的形态生成有关。这些要素就好比是产品的语言，产品也正是通过这种特殊的语言在与使用者进行交流，从而在使用者的心理形成完整的产品形象。产品形态不仅仅是一种视觉感受，它要体现在产品上和与用户的交互过程中带给用户以美感影响。产品的形态必须满足用户的使用需求，准确地说，产品的形态设计通过理性的逻辑思维来引导感性的形象思维，以提供产品的使用信息，不可能天马行空地任意发挥。

1. 产品的形态表现形式

产品都是以特定的形态存在的，产品设计的过程也可以看作是形态创造的过程。产品的形态设计往往通过拟人、夸张、排列组合等手法将一些自然形态再现，从而给人呈现新的心理感受。对于产品形态设计通常有着一般的设计特点，以下列举了几种常用的形态表现方法：

（1）卡通形态

卡通化设计是一种混合卡通风格、漫画曲线、突发奇想与宣扬情趣生活的一种特殊设计方法，它把人们对享受人生乐趣的生活态度混合到了产品造型风格之中。目前在国内外市场上所出现的具有卡通形象特征的产品不胜枚举，在同类产品中它们独树一帜，分外抢眼。这

图5-28　BEAST野兽派小王子骨瓷餐盘4件套

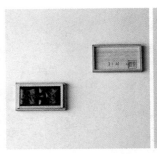

图5-29　拼图筷架 都筑明作品

种设计风尚首先见于日用小产品和小饰品设计，后来逐渐地扩展到各种电子产品、耐用家电产品的设计中。随着20世纪90年代以来网络技术和影视传媒的发展，卡通节目和漫画艺术越来越多地深入到消费者的文化生活之中，运用卡通形象的设计手法成了产品开发的新趋势。

–举个例子–

如图5-28，小王子骨瓷餐盘4件套，取材于家喻户晓的小王子小说插画系列，结合细腻的骨瓷，创造出干净唯美的小清新风格餐盘。

（2）契合形态

契合形态也就是我们常说的正负形，通常利用共同的元素将两个或两个以上的形体联系起来，其中个体既彼此独立又相互联系，也正是这种独立又联系的关系增添了无尽的趣味，我们所熟悉的太极图和儿时的玩具七巧板都是契合形态的代表。如果仔细观察一下，我们会发现在各类产品设计中契合形态的运用可以说是屡见不鲜。

–举个例子–

如图5-29，拼图筷架手制食器，为可塑性极强的陶土塑形，朴素却不失趣味，形成完美契合形态的实用筷架。

（3）律动形态

简而言之，就是用静止的形态记录一个运动的瞬间，从而让美丽的瞬间能够永久地保存下来，就仿佛用相机记录舞蹈演员美丽的舞姿。这样的形态

图5-30　一样一生山雨碗

通常能够给人以自由、浪漫的情感体验，给人无拘无束的舒适感。

–举个例子–

如图5-30，手工拉坯陶瓷、用5种釉色精美呈现湘西雾霭景象的山雨碗，美得不可方物。

5.2.3　产品设计中生动的色彩搭配

色彩设计在整个产品的开发流程中是必不可少的一环，在情趣化的产品设计中色彩则更为重要，色彩唤起各种情绪，表达情感，甚至影响我们正常的生理感受。的确，合理而巧妙地为产品配色，往往能够唤醒消费者的购买欲望，让产品在市场竞争中脱颖而出。在富有情趣的产品设计中，色彩的设计必须依附于整体造型予以合理的搭配，以表现产品的趣味性。一般来说，彩色相对于灰色更加活泼，而灰色则通常显示出产品的气质，彩色本身的有机形态的搭配很好地展现产品的情趣，让人眼前一亮的感觉。

1. 颜色

在设计上用颜色来吸引注意、集合元素、标明含义，以及增加美感。

颜色能让设计有更多的视觉乐趣与美感，并能加强设计里元素的组织性与意义。如果用得不好，颜色会严重伤害设计的形式与功用。以下是使用颜色的常用指导原则：

（1）颜色的数量

保守使用颜色。限制在一眼扫过所能接收的色彩数量以内（大约5种，以设计的复杂度而定）。大部分人的色觉有限，因此不要把颜色当作提供视觉效果的唯一方法。

（2）颜色的组合

要获得美丽的颜色组合，可以利用以下4种方式：①采用色环上邻近的颜色（类似色）；②采用色环上相反的颜色（互补色）；③把对称多边形（三角和方形）放在色环里面，取其尖角落点的颜色；④采用大自然中的色彩组合。前景元素采用暖色系，背景元素则采用冷色系。要集合元素时，浅灰色是安全的颜色，不会与其他颜色争艳。

–举个例子–

图锦轴中国风系列钢笔灵感来自故宫中轴线，由红点奖设计师团队设计而成，大气精美，四色包括卧云——白、星河——黑、落樱——粉、听雨——绿（图5-31）。

这款钢笔通过简单的图案剪影描绘故宫中轴线

上横亘着明清朝政三殿（太和殿、中和殿、保和殿）和后寝三宫（乾清宫、交泰殿、坤宁宫）。整个紫禁城以此为中心，对称而建，用简单的、连续的线条，抽象化表达故宫中轴建筑。一条中轴线贯穿笔身，大气精致，低调典雅。横过来看，还能看到"1420"字样，它是故宫的建成年份，具有纪念意义。笔杆采用优质树脂，通过色彩展现汉白玉的质地。而且每支笔都拥有属于自己的纹理，是独一无二的。笔夹的材质也是24K亚真金。它能与笔身中轴线相重合，极具对称的美感。装饰中圈为24K亚真金材质，蚀刻工艺使祥云更立体精致（图5-32）。

（3）饱和度

当吸引注意力是重点时，可利用饱和色（纯色）。当表现与效率是重点时，则用不饱和色彩。不饱和的明亮色彩，通常被视为友善又专业；不饱和的暗沉颜色，则被视为严肃又专业；饱和色会被视为比较有趣、有活力。如果要结合不同的饱和色，请谨慎使用，因为他们在视觉上会相互干扰，增加眼睛的疲劳感。

–举个例子–

戴森新出的一款吹风机名字就叫戴森吹风机蓝金礼盒版，它配有专属皮制红色礼盒，自用、送人都非常体面。机身是时尚的蓝金色，奢华而低调，让人久久不能离开视线，如图5-33。

风筒部分的金色，并非一般的彩色喷漆，而是实实在在的金箔！金箔产自意大利佛罗伦萨，纯度高达98.6%。这些金箔，都需要匠人们一点一点，非常精

图5-31　锦轴中国风钢笔1

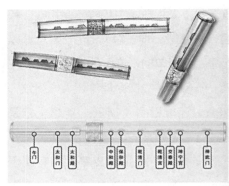

图5-32　锦轴中国风钢笔2

图5-33　戴森吹风机蓝金礼盒版1

图5-34　戴森吹风机蓝金礼盒版2

图5-35　戴森吹风机蓝金礼盒版3

细地贴出来。每一只蓝金吹风机，要用整整5片金箔，贵气十足。它配备的三个不同的蓝色风嘴，不管你是大波浪、内扣、直发、短发，都能轻松打理。使用感也是一如既往的好！戴森的这款经典吹风机体型小得反常规，它的吹风筒是中空的，没有扇叶，完全不用担心头发吹着吹着被卷进去。看看它的侧颜，风筒部分是不是比传统的吹风机要短好多。这多亏了戴森的马达，它推翻了传统吹风机把马达安装在顶部的设计，而是把它安在了手柄中（图5-34、图5-35）。

（4）象征

并没有实质证据证实颜色对情感和心情的普遍影响。同样的，各式颜色也没有共同的象征，因为不同颜色对不同文化来说，拥有不同的意义。因此，针对目标人群选用颜色之前，必须先确认选用的颜色与色彩组合的意义。

–举个例子–

故宫口红礼盒精致的中国风包装，集合6款故宫口红，皆取色于故宫馆藏文物，分别为豆沙红、郎窑红、枫叶红、碧玺色、玫紫红、变色人鱼姬（图5-36）。

图5-36　故宫口红礼盒

图5-37 故宫口红——郎窑红

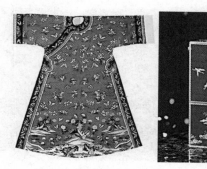

图5-38 郎窑红色口红外管设计

故宫的首款口红一经问世，就在美妆圈掀起了热潮。外观婉约精致，寓意吉祥美好。它包含6支故宫口红，让你一次就拥有6种不同的东方古韵之美。

每款口红的外观纹样和膏体颜色，皆取自故宫博物院馆藏的国宝文物。每个细节，都由"宫里"的老师反复调整，最终才做出这款古典雅致的中国风口红。而且，礼盒的设计还蕴含"鹿鹤同春"的美好祝愿，以"鹿"取"陆（六）"之音，"鹤"谐音"合"。寓意天下万物欣欣向荣，吉祥如意，作为礼物也非常贴心合适。

六合，即上（天，对应蓝色）、下（地，对应黄色）、东（对应绿色）、西（对应白色）、南（对应红色）、北（对应黑色）。

郎窑红是这一系列的主打色，非常优雅显气质。郎窑红取色于清康熙的郎窑红釉观音尊。朗窑红釉是我国名贵的传统红釉之一，因其于18世纪始产于清朝督陶官郎廷极所督烧的郎窑，故称"郎窑红"。有民谚说："若要穷，烧郎红。"郎红釉是以铜为着色剂，用1300℃高温烧成。要想烧成一件成功的郎窑红瓷器，对烧制时的环境、温度有着非常严格的要求。这款郎窑红，就自带了郎窑红釉的大气与尊贵（图5-37）。

另外故宫口红外管的纹样灵感，来源于故宫博物院馆藏的后妃服饰。这支郎窑红的纹样灵感，就来源于清道光的洋红色缎绣百花纹夹氅衣。地景百

花，姹紫嫣红，微风轻拂，好不雅致。为了完美展现织物刺绣的立体质感，并且还用上了3D打印的黑科技！管壁图案凹凸有质感，细细看去，山岳有棱，春花丛立。仿佛存放了一个个闲雅的景致，为你留存一隅宁静。管壁四面图案彼此相似，却又各不相同。湖水山岳，花鸟蝶蝠，绝巧灵动，浮于眼前。方形金管，磨砂管壁，质感高级，拿在手里很有分量（图5-38）。

相较于大气的郎窑红，豆沙红就温柔日常得多，饱和度也比较低，淡雅宜人。豆沙红取色于清康熙的豇（jiāng）豆红釉菊瓣瓶。豇豆红釉，亦称"美人醉釉"，与上面的郎窑红釉一样，是名贵的铜红釉之一。外管纹样的灵感，来源于清光绪的品月色缎平金银绣水仙团寿字纹单氅衣。品月色底上，缀了金色的小小团寿纹样，水仙绽放在旁，寓意福寿安康，吉祥如意。品月色是一个古色名字，介于现代的蓝色和宝蓝色之间。寓意月光映照的天空的颜色，常用于后妃服饰，淡雅清冽、内敛稳重（图5-39、图5-40）。

枫叶红，是一个带点土橘调的红色，更适合秋冬季节使用。它是哑光的，气质独特，给人含蓄内敛的感觉。枫叶红取色自清雍正时期的矾红地白花蝴蝶纹圆盒，堪称雍正官窑瓷器中的珍品。外观设计灵感，来自清宫旧藏的明黄色绸绣绣球花棉马褂，给人微风轻拂，仙雅灵动之感（图5-41、图5-42）。

碧玺色，是一个带有梅子和玫瑰色调的温柔颜色。给人以气质温婉，色调宜人的感觉。碧玺色取色自清代桃红碧玺瓜式佩，雕刻精致，寓意吉祥。瓜属蔓生植

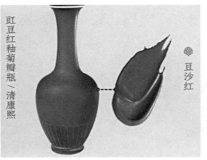

图5-39　故宫口红——豆沙红

图5-40　豆沙红色口红外管设计

图5-41　故宫口红——枫叶红

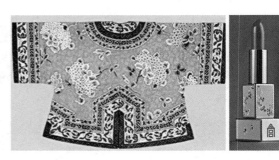

图5-42　枫叶红口红外管设计

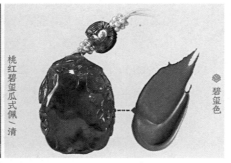

图5-43　故宫口红——碧玺色

图5-44　碧玺色口红外管设计

物，多籽，寓意"子孙万代"。

　　外观设计灵感，来自故宫博物院院藏的清代广绣鹤鹿同春图。画面中，粉白色地上，两只小鹿回首相望，周围繁花盛开，微风轻浮，似有花香飘来（图5-43、图5-44）。

　　变色人鱼姬，看上去是橘色的，但其实是带有金色偏光微闪的粉色，比较活泼，有一种灵动的少女感。人鱼姬的唇色灵感，来源于雍正时期的胭脂水釉梅瓶，晶莹剔透、柔美精致。外观灵感则来自

于清代乾隆时期的浅绿色缎绣博古花卉纹裌袍。浅浅的绿色宫装上，翩翩起舞的蝴蝶，紧紧围绕在花朵四周，生机勃勃，春意盎然（图5-45、图5-46）。

　　玫紫色是一个气场比较强大、非常有个人魅力的颜色，有一种气场全开、成熟从容的气质。以北宋时期的钧窑玫瑰紫釉菱花式三足花盆托为灵感，典雅高贵。包装灵感取自清宫旧藏的黑绸绣花蝶竹柄团扇。古朴的黑色底上，绣着盛开的菊花，宁静致远，非常有味道（图5-47、图5-48）。

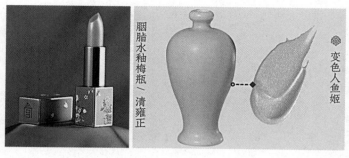

图5-45　故宫口红——变色人鱼姬

图5-46　变色人鱼姬色口红外管设计

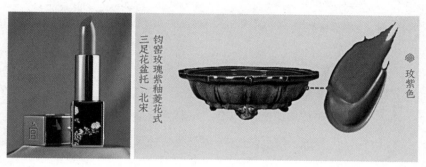

图5-47　故宫口红——玫紫色

图5-48　玫紫色口红外管设计

5.2.4　产品设计的材质

除了形态和色彩之外，材质也是表现产品视觉语言不可或缺的要素，但与前两者不同的是，产品材质的语言很大程度上来自于人们对它的视觉和触觉体验，这种视觉和触觉的交融，让人们在使用产品的过程中产生丰富多彩的情感体验。

木材和布料等传统材质总会让人联想起温馨和舒适，而金属和玻璃等现代材质则会令人产生浪漫和典雅的感觉。这或许可被称之为材质的情感联想性。将这样的材质运用到产品中，往往会使产品或多或少地带上情感倾向，巧妙地运用材料的物质属性也能够获得意想不到的效果。

由于不同的材料和不同的表面工艺处理会产生不同的质感和视觉效果，材料质地的颜色、纹理、粗细，以及软硬、松紧、透光性等特征都有所不同，可以通过材质的应用表现产品的主体及其功能特性，通过不同材质的质感特征，其本身隐含着与

人类心理对应的情感信息，不同的材质美感给人以不同的心理感受和审美情趣。

产品的外部材料传达产品的综合性能，例如颜色、光泽、纹理、厚度和透明度等。一般情况下天然的材料能够给人带来简单、厚实、黯淡的视觉和触觉感受。如图5-49皮革的光滑度和温暖度、石材的粗糙度与厚度、木材的亲密度与温暖性、羽毛的柔软度与轻盈度，每一种都反映了它们自己的质感特点。自然纹理强调材料本身的美感，并注重材料的自然性，突出材料的自然本质，以及材料带来的价值。材料通过外在表达自身的特性，主要是指视觉和触觉两方面的感受。

1. 触觉材质感

触觉的材质感受就是手接触到产品表面材料的基本感受。这是人们对产品的表面材料产生的第一印象。根据产品材料的表面特征，触觉质感通常分为两类：舒适触感和讨厌触感。如图5-50所示，人们通常倾向于接受成品金属、光滑塑料、精细陶瓷釉料和丝绸等物品，因为可以得到细腻柔和的感觉，这可以使人们的感官意

图5-49　皮革、石材、木材的肌理

图5-50　金属与瓷器质感

识到舒适、愉快。但是如果人们一旦接触到的物体较为粗糙，像没有干的油漆、生锈的金属零件等，就可能会导致不愉快的心理反应。

2.视觉材质感

产品材料表面特征的视觉感知，即大脑通过视觉对产品材料产生的印象。由于材料的不同，可能会有不同表面特性的视觉感知。不同的材料具有不同的光泽、颜色、纹理、透明度，也会给人带来不同的视觉质感，从而产生不同的材料感受，比如精细、粗犷、均匀、整齐、光滑、透明、优雅、华丽和自然等。

简而言之，产品材料在使用时的感受对人们生理和心理均有影响，人们可以通过感官功能对材料做出印象的总结。当材料接触人的时候，人们从视觉、听觉、嗅觉和味觉等方面将获得各种信息。通过产品形态的暗示使消费者能够熟练地操作产品，

并通过符号的形式来传达产品的文化含量，实现人、机和环境之间的和谐。产品的制造同材料的选择是分不开的，产品设计中产品材料是设计师必须思考的问题。

5.3　关注细节的表现

5.3.1　设计的细节

细节是详情，是设计的内容，设计中细节的特征既要富有表现力，还要具有吸引力，这是设计的亮点，展现了设计的执行力和完成度以及设计师的表现能力。为了不忽略设计过程中的每一个细节，细节的表现方式也就显得尤为重要了。

细节设计不单纯是华丽的外表，而是最直接的人与人或者人与产品之间的一种交互行为。产品设计师会给产品附加各种功能性引导。细节的体现通常在于产品的设计过程是否走心，是否立足于使用者，绝非仅仅是实现某个功用，同类型的产品缺乏竞争时，其实只要满足实际需要，对细节的处理简单粗暴也不会对产品自身造成太大影响；但如果同质产品很多时，同等条件下一个小小细节的成功把握就能够在众多同类型产品中成功地脱颖而出。如图5-51是一款家庭安全摄像机，可以在家

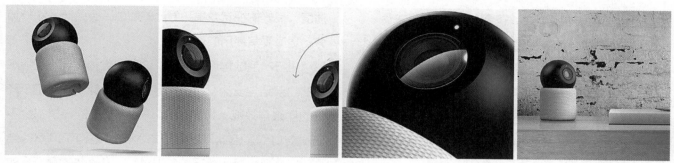

图5-51　家庭安全摄像机

中无人时看管房屋。产品将两个基础的球体和圆柱体形状组合为一体，其中圆柱主体表面覆盖织物，织物下隐藏了120分贝的警报器；而作为摄像头载体的球体可以360°旋转，无视线死角。用户可以通过手机App轻松控制摄像机视野及开关系统。

5.3.2　产品设计的细节表现

从产品设计的角度来看：产品的细节设计在于在潜意识的层面打动用户，产品的功能设计在于给用户找到一个符合逻辑的理由。其实细节非常容易被使用者感受到，因为细节会让使用者感觉自己被给予尊重。大多数人都是用潜意识思考的，可潜意识并不意味着就是错误、非理性，很多时候它恰恰符合我们内心深处的兴趣、爱好、准则。但是人们并没有完全意识到自己是用潜意识做的决策（或者不想告诉你），于是人们还是要给自己找到一个合乎逻辑的理由来告诉自己作出的判断是考虑了很多种可能，充分决策之后的正确选择。例如形式追随功能这些教条的话，只是在特定的时候适用，细节不单单指的是产品的造型、更包括内部结构、使用功能、包装设计、广告语，甚至是设计理念，设计师只要把这些细节统统用视觉的方式把它表达出来就可以了。如图5-52，这款Hug扶手椅用元素相互拥抱的方式来传递拥抱的设计理念，元素结构很简单，却可以用暖人的形态和醒目的色彩引人入胜，而且造型通过干净的色彩和柔和的线条对结构

进行区分体现出严谨的细节处理方式。因此，设计师在产品设计表达过程中，将产品设计的细节之处清晰地表达出来很重要。

1．人机工程设计

人、产品、环境三要素之间因不同地域，不同年龄段，不同职业背景，不同学历的人群对产品的需求不同，产品设计与人的工作生活息息相关，设计生产出更加人性化、高效能的设备、工具和日常生活用品是努力的目标。以发展的眼光看，基于人机工程学研究的产品设计会更好地服务于人们。产品设计中的人机工程是针对人的特性的研究、机器特性的研究、环境特性的研究、人—机关系的研究、人—产品关系的研究。而在产品设计中，人机工程学研究的内容主要是包括人机界面设计，控制台和控制室的布局设计，医疗设备及座椅的设计与舒适性研究，办公室和办公设备设计，家用产品舒适性设计等。要根据人类的生理尺寸和使用习惯确定产品的尺寸和比例，在产品开发阶段，会把人机工程学研

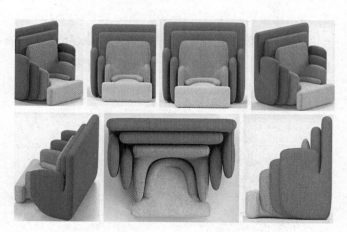

图5-52　Hug扶手椅

究的数据应用到产品设计中，符合人们的使用要求。

人机工程设计即人性化设计，是一种基于情感化的设计。产品的情感化设计是产品与用户之间情感传递的桥梁，这种传递不仅可以增加用户对产品的好感度，更可以让产品更加深入人心，与产品产生情感上的共鸣，利于产品口碑的传播。如何优化人机工程设计：

（1）从产品的角度出发对在设计过程中影响用户情感的设计要素进行研究。产品的形态、材质、色彩及其所处的环境都能给受众带来一种甚至是多种体验，将抽象的情感体验物化成具象的设计元素和其他各种感官体验要素。

（2）把握个体或某个群体的深层次感官经验，因为个人的生活背景、经历等各不相同。

2. 色彩设计优化

色彩给人的印象更加直观，在产品设计中的应用会提高产品的美观度和使用价值，色彩作为产品设计三要素之一，在设计不同产品时，考虑的因素也有差异，例如产品性能、使用人群的年龄和性别等多方面因素。产品在色彩设计中与形态和材质一样，具有很重要的作用，但人们第一眼看见产品时，色彩更能起着决定性作用，不仅如此，色彩还能影响消费者的情绪以及心理，因为对于人们的视觉来说，色彩是很敏感的，往往能够给人留下很深刻的印象，杰出的色彩搭配能够吸引更多的消费者，增强产品的竞争力。如图5-53，经典圆形元素设计的投影仪，其突出的色彩搭配可以满足消费者的审美要求，提高产品的欣赏度和消费者使用舒

适度，良好的视觉效果和舒适的触感，会给产品额外加分，更享受其使用的过程。

进行产品结构设计优化：这里的结构设计不是指产品的内部结构设计，而是产品的细部设计，它决定了产品的质量与效能。如图5-54，每个女孩的包里都少不了一支口红。因此以口红形态为灵感重构了风扇的结构，口红风扇极致小巧、美观时尚，在炎热的夏天是实用性非常强的手持便携风扇。

（1）从小处着眼，以微小需求为出发点。从一个小的视角、人们容易忽视的小地方去理解产品的每个细节对产品设计产生的影响，融合用户使用习惯，逐步完善产品的细部设计。

（2）遵循简洁观，符合技术要求。产品的价值是由产品的技术与造型共同决定的，通过产品细部设计突出产品特征、增强用户的产品识别能力，是避免产品同质化和强化产品品牌的捷径。

把颜色的特性与人们的色彩爱好结合在一起，能够更好地表达产品的功能，产品设计中色彩设计的优化：

（1）强调产品功能和色彩作用相结合。如消防车都采用红色为主色调，因为红色不仅可以让人联想到火，还有很好的注目性，可提高消防车通行效率。

（2）协调使用环境与用户体验。色彩设计要满足产品的自然环境及工业环境，还应该保证用户在使用时有良好的体验，如安全感、亲近感，这样用户不易产生疲劳，能有效完成工作。

（3）符合美学原则，紧随时代审美要求。保证在体现产品整体感的同时有效地吸引消费者（图5-55～图5-61）。

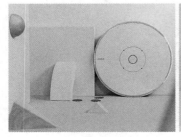   

图5-53　经典圆形元素设计的投影仪

图5-54 口红风扇手绘稿

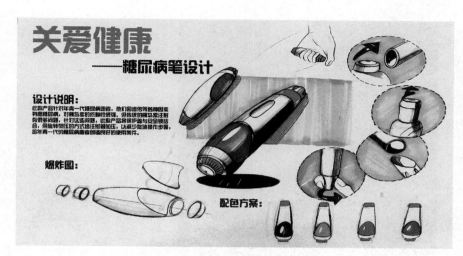

图5-55 血糖仪设计手绘稿（作者：姜虹伶）

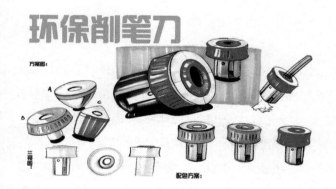

图5-56 环保削笔刀手绘稿（作者：姜虹伶）

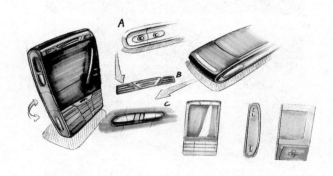

图5-57 手机快速表现手绘稿（作者：姜虹伶）

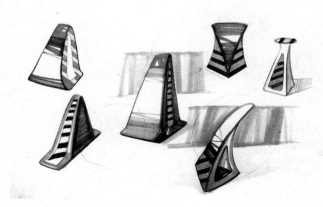

图5-58 安全工具快速表现手绘稿（作者：姜虹伶）

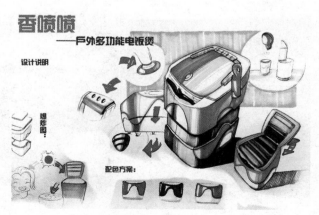

图5-59 多功能便携电饭煲手绘稿（作者：姜虹伶）

图5-60　AROUND蓝色梦幻耳机手绘稿

5.4　产品表现的构图思维

5.4.1　构图思维目标

　　即思维所要实现的目的和结果。把思维的目标重点锁定，即目的，以产品自身的内在和交互主体的行为为对象，形成产品设计的目的思维。后者则以外部世界为目标形成对象性思维，即以使用者使用产品的结果为导向进行思维。如图5-62，一款智能闹钟，翘起来的两端区分白天与夜晚，简单的操作配合人性化的设计角度，一目了然的产品构造与使用方式得到充分展现，让产品记忆深刻。

5.4.2　构图思维定势

　　以构图思维能力为主体，大部分人长期形成的思维态势和惯性，它表现着思维有可能达到的深度和运作的态势。例如产品设计往往带有鲜明的使用群体性、使用环境、使用方式等特征，是一定条件下的人群、环境长期的思维传统的积淀。因此，思维定势是一种稳固的思维因素。对于每一个产品主体而言，这种因素不仅与设计者自我实践经验有关，而且与其生存环境、生存方式与认知关

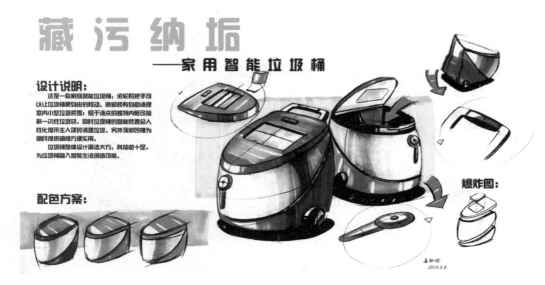

图5-61　智能垃圾桶手绘稿
（作者：姜虹伶）

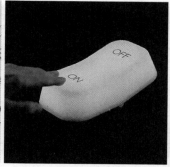

图5-62　智能闹钟

系更为密切。实际生活中，人们使用产品都以某种独特的不自觉的习惯进行活动。由此可见，思维定势对于认识产品主体的思维运作过程而言，表现为一种非理性的潜意识的因素。但是，它在思维过程中起着一种超验的场势之重要作用，不依思维对象内容为转移，并直接影响思维的深度、结果和水平。

5.4.3　产品构图主体的致思趋向

即在一定思维定势氛围下，思维运作可能选择的倾向，它以思维定势为基础，是思维定势的具体表现。同时，致思趋向不仅根源于思维定势，而且与具体认识条件下对象的属性、特点以及主体对认识对象的主观期望、选择等因素有关。对于真与假、美与丑、善与恶、好与坏的认识与判断，以及对于同一客观事实的理解，如果客观上存在多种思路的话，那么，不同主体必然根据主体自我的主观情趣、嗜好等选择一种对于自身最有利的思路。相悖的判断是两种相反的致思趋向下的两种思路表现的相反结果。致思趋向具有一定的主观性、功利性、选择性。选择不同的思路，对于认识过程具有重要的影响，因此，思维方式必须研究致思趋向问题。

5.4.4　产品设计思维策略

指在一定思维定势前提下选择了相应的致思趋

向后，思维具体运作过程中的技巧、方法。它直接涉及思维的精细程度，表现为思维操作的具体方式、方法。用不同的方法从不同的角度和层面对某一问题进行思考、突破，对于认识结果的真伪及其程度，具有不同的影响。例如，在对微观世界的认识过程中，表现在思维的技巧和方法上，用形象思维和抽象思维、宏观思辨和微观实证的不同方法进行认识，可以得出不同的结果。习惯于经典力学的机械决定论思维的物理学家，在无法解释微观粒子的相互作用力的传递方式时，用形象思维幻想和构造出了所谓"以太"，并给予"以太"理想的物理模型，但是，用实验的方法却无法证明"以太"的存在。以后的实验科学推翻了建立在形象思维基础上的"以太"理论。物理学史上的"麦克斯韦妖"等事例，都不胜枚举地说明了思维策略（主要指以思维方法为主的思维技巧）的重要性。

5.4.5　产品设计运思途径

运思途径即具体思维运作过程中，客体与主体相互作用的途径。这种途径是主体客体化，客体主体化的程序、步骤和总图式的概括。主要解决主体操作的一定思维方法，应该如何有条不紊、顺理成章地认识客体，即解决思维运作过程的起点、经历、终点的程序和路线问题。例如，在科学认识过程中，究竟先用归纳还是先用演绎，以及归纳和演绎、分析与综合、抽象与具体在整个科学认识过程中如何构筑成一幅总图式，主体如何操纵思维沿着这一图式运作等。这些问题都是运思途径应该解决的问题。

5.4.6 产品设计与表现的基本过程

产品设计能否满足设计要求的基础条件，就要清楚产品设计项目的限定条件有哪些，需要完成的方案数量、形式和表现程度、表现的工具和方法等。

1. 设计分析

（1）设计意图分析

分析产品类型、了解设计意图，明确产品设计是侧重于解决实际问题还是发散思维和想象，或者是侧重于纯粹的造型能力，由此做出设计应该具有的指向性等。

（2）使用环境、使用人群与产品分析

产品设计过程中通常都有自身的限定条件，如使用环境的特点和要求、使用人群的生理和心理特点及需求，以及产品本身的功能、结构和形态的要素进行系统分析。对使用环境、使用人群等方面进行具体而周全的分析，可以更快地确定创意的立足点和所需解决的问题，进行有针对性的设计，有的放矢。另外，对产品创意的形态、造型、色彩及材质的选择等都对设计过程具有一定的限制作用。不同环境、不同产品和不同的使用人群都是产品设计要关注的设计要素，图5-63为一款公共垃圾桶设计。

2. 构思设计

在上述分析的基础上，可以采用仿生设计、通用设计、绿色设计以及人性化设计等理念展开设计构思，得到若干设计方案。

最为便捷的一个方法是改进设计，即对现有产品进行分析并优化改善其功能、结构和形态等。更为取巧的办法是单纯更改优秀设计作品的形态，但不要照搬或改动太少，否则有抄袭嫌疑，要注意原创性是设计最为首要的原则。每个方案应该至少一个创新点或卖点，让人耳目一新。如图5-64，将风扇折叠成平板，移动方便又极具创新点。

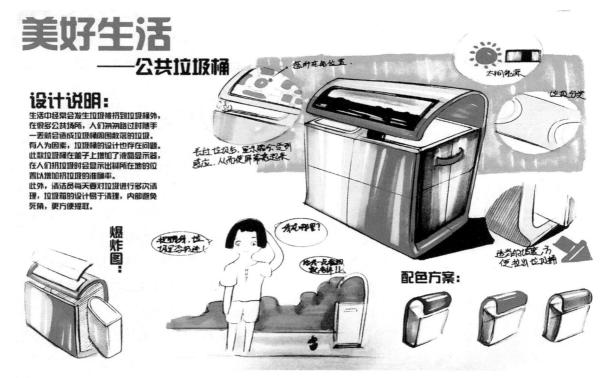

图5-63 公共垃圾桶设计（作者：姜虹伶）

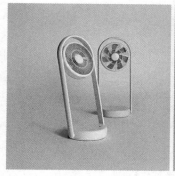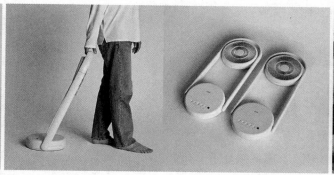

图5-64 可折叠电风扇

（1）整体构图

图面效果是最重要的。在确认设计方案后，画面上的任何图形文字都应有排板规划，整体布局要有总体设计，包括设计题目、各个草图、效果图、文字说明及所占版面大小等，都要符合美学原则，主次对比、错落有致。版面如果还显杂乱，配合整个画面的色系添加一定设计感的线框来规范以下画面。如图5-65，公共电话亭设计，马克笔快速表现的画面布局。

（2）构思草图

多草图方案更体现设计者思维的广度，而草图更讲求线条简洁流畅、透视准确、比例恰当，只是勾勒产品造型的大致形态和色彩倾向并体现设计创新点，不必表现过多细节。

草图要"简"，但不能"草"。就算运用简单的线条和色彩来表现，也要保证画面干净整洁，不能信笔乱画，草图的大小比例约为效果图的1/2。

另外，草图之间的区分与联系也值得关注，方案排列、排版区划分、草图之间的构图美观要服从于全局的构图设计。如图5-66，草图要表达的讯息也要清晰明确。

（3）效果图

效果图是要求表现最完善、最细腻的部分，也是整个产品设计的亮点所在。作为画面的中心，版面最大、

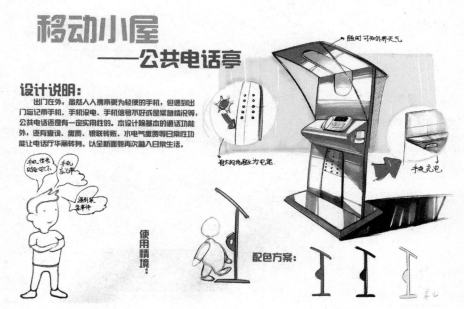

图5-65 公共电话亭设计（作者：姜虹伶）

图5-66 超短投射投影仪设计

效果最显眼，可适当添加简单背景进行烘托。

　　效果图的绘制要在满足基本的形态美观、比例适当、透视准确的基础上，能够清楚地交代结构空间，还要表现材质、具体色彩和细节等。如图5-67，Lampe是一个简单的照明概念，旨在在工作场所或床边创建环境情绪照明。完全中空的设计可以保证光线的完全分散，可以消除光线发出的强烈直射光，创造宜人的环境。在设计过程中，Lampe开始会绘制一系列的草图，这些草图会表现出照明所需的漫反射材料，并适合桌子等形式的因素。

　　（4）辅助图形

　　为了更清晰完整地表达设计意图，必要时可在设计草图或效果图旁添加辅助图形，如局部放大图、使用方式示意图，还可添加些箭头符号或文字作示意说明，这样能够起到丰富、美观画面的作用。另外，一些英文词汇也会使得画面更加与众不同。如图5-68，条框、注释、箭头方向、情境使用以及局部细节放大的效果图。

　　（5）设计概念展示图

　　用图形的方式表现怎样从一个需求、形态、概念逐步创造出一个具体的产品，这种展示图不用占大篇幅，但一定要有。如图5-69，一款桌面加湿器设计的诞生。

　　（6）细节图

　　为特别表现某些产品的功能与造型，需要对产品的某一部分结构进行清晰的表述。结构多样性决定亮点，更体现出设计思维的丰富性。如图5-70，造型结合了传统陶瓷工艺和器皿之间的相应性。由相同的底座和可互换的盖子组成，根据用户心情重组替换。

　　（7）使用场景、模式图

　　用图画、漫画来表现设计产品的使用方法，不需要太细节也不用画很大，却是产品设计能力的体现。如图5-71，产品的简笔情境使用漫画。

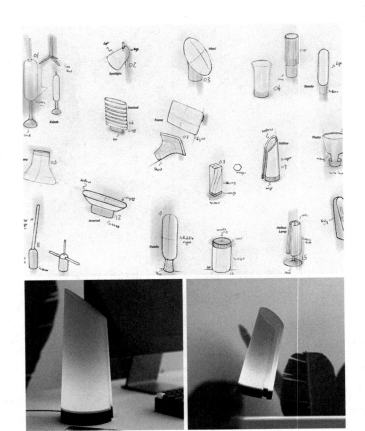

图5-67　Lampe照明设计

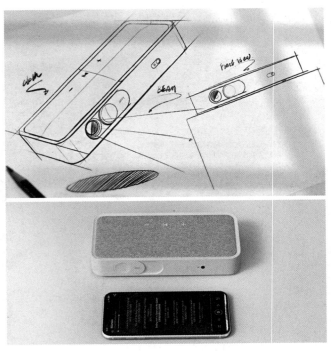

图5-68　JERRY C1投影机

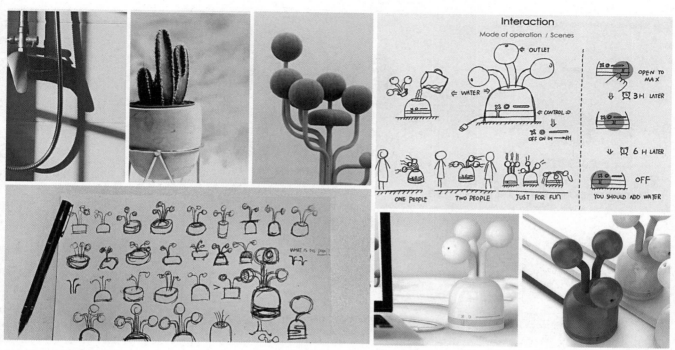

图5-69　桌面加湿器设计

图5-70　Lid Vases花瓶

PLAYING AS AN IMAGINARY CHARACTER

Mixed Reality Skin
With digital skin changing, we would have digital characteristic & identity. The apple car player would help us to act as like a real character.

IMAGINARY EXPERIENCE FOR CHILD

Apple Car Player　　　Mixed Reality Multiverse

"Through apple car player mobility, we would be able to play virtual & mixed reality themepark based on real universe beyond time and space limitation"

Average height of 5-year-old children (1300mm)

360' Rotating experience
For the immersive experience, Free position space with sphere volume is the key theme of design.

Apple Smart Glass & Gloves

Free & Diverse Positions make exciting & Unique Experiences

SPHERICAL TOY-CAR

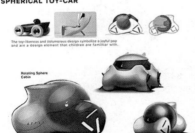

The toy-likeness and Volumorous design symbolize a joyful pop and are a design element that children are familiar with.

Rotating Sphere Cabin

Gradient Transparent Body

图5-71　APPLE CAR-多宇宙游戏玩家
移动工业设计

（8）色彩搭配

好的色彩搭配存在较强的视觉冲击力，甚至可以弥补产品设计能力的小瑕疵。

建议草图的颜色不要超过四种，哪些色彩为主要、哪些色彩为次要，用色时一定要注意，色彩的搭配也是产品设计能力的重要体现。如图5-72、图5-73，明亮清晰、搭配和谐的产品效果图。

（9）文字部分

文字部分主要包括设计标题和设计说明。文字一方面可以展示作品的主题，或者为设计图形及作品语义的

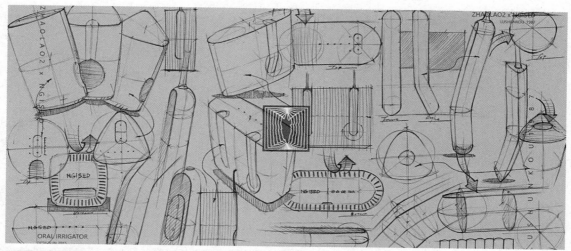

图5-72　冲牙器

图5-73　按摩沙发

一种补充；另一方面，文字尤其是数字还能够起到装饰、点缀的作用，对合理构图的布局有非常重要的作用。

　　标题的大小和色彩都要适当突出，不要采用狂草模式，最好选择一笔一画、规规矩矩的艺术字。先用铅笔打好格（4cm×4cm），文字写在格里，铅笔底稿不要擦。装饰作用的文字可以适当采用艺术形式的处理，而且要注意字体的大小和位置。

　　设计说明可以写得快一点，但要保证清楚整齐、简明扼要。分成若干段，每段开头一个设计创意点再进行适当论述。注意设计说明的段落安置和字体变化，力争设计说明成为装饰画面的一部分。如图5-74、图5-75，手绘画面的各个模块并不固定，只要主次分明、色彩和谐等基本要素具备即可。

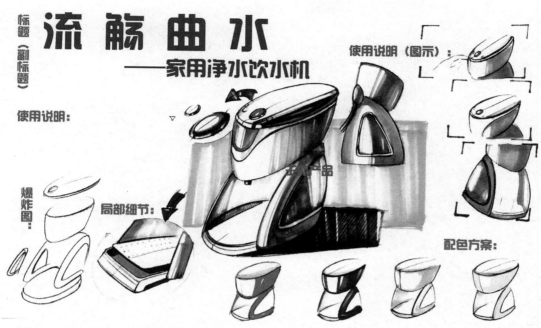

图5-74 净水饮水机设计（作者：姜虹伶）

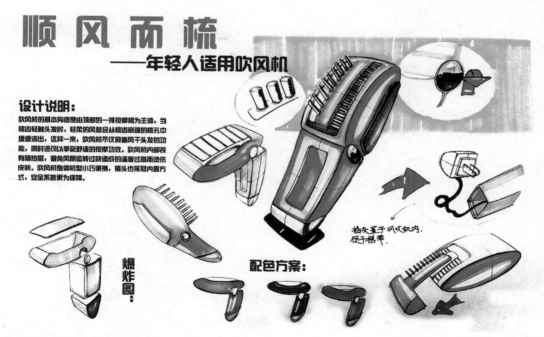

图5-75 多功能吹风机设计（作者：姜虹伶）

第**6**章

庖丁解牛——
产品的三维建模思维训练

庖丁解牛这个寓言故事选自《庄子·内篇·养
生主》。它说明世上事物纷繁复杂，只要反复实
践，掌握了事物的客观规律，做起事来就能得心应
手，运用自如，迎刃而解。世间万物都有其固有的
规律性，只要你在实践中做有心人，不断摸索，久
而久之，熟能生巧，事情就会做得十分漂亮。

6.1　犀牛软件基本介绍

犀牛软件全名为Rhinoceros，简称Rhino，
是由美国的RobertMcNeel公司研发的一款基于
NURBS造型方法的三维建模软件。它在曲线和复
杂曲面的制作上表现十分出众，与此同时，犀牛软
件还有许多功能强大的插件，为其在建模、渲染等
方面做了很好的延伸。因其支持全中文的操作界
面，便捷的操作方式，犀牛软件逐渐成为产品设计
行业进行产品外观设计三维建模的主流软件。

犀牛软件因其强大的功能，可以进行家具设
计、家居用品设计、电子产品设计、交通工具设
计、珠宝首饰设计、箱包鞋类设计、文创产品设计
等方面的设计建模（图6-1~图6-15）。

图6-2　"喝完摇一摇"儿
童摇椅设计

图6-3　"跃龙门"书立设计（作者：
天津电子信息职业技术学院　李燕）

图6-4　"苏三起解"
调料罐设计

图6-5　"食食相伴"餐具设计

图6-6　"莲年有鱼"餐盘设计

图6-7　多功
能垃圾铲设计

图6-1　曲直之间家具组合设计（作者：天津财经大学　张帆）

图6-8　"给力拖"改
良设计

图6-9　概念汽车设计

图6-10 共享单车设计（作者：广东
第二师范学院 黄楚峰）

图6-11 电动助力车设计

图6-12 "精卫"河道垃圾清洁器设计

图6-13 陆空探测无人机设计

6.2 犀牛建模基本流程

很多犀牛学习者，特别是初学者，拿到准备要建模的设计方案后，急忙地打开犀牛建模界面，动起鼠标，就开始去画产品方案的轮廓线等。其实，这样是不可取的，根据笔者多年的琢磨和实践总结，将个人的一些建模经验和方法与大家分享，希望对大家能有所帮助。

1. 建模前分析

拿到设计方案（草图）后，我们应该先去仔细观察草图，了解所要建模产品的形态结构，分析它由哪些块面组成，如果所建物体是复杂的组合物体，我们应该怎么样去拆开分析这个组合整体，在没有完全理解物体的情况下不宜草率下手建模，正所谓磨刀不误砍柴工。这一步，我习惯称它为建模前分析（图6-16）！

图6-14 残币兑换机造型设计

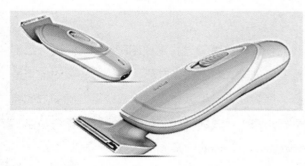

图6-15 理发器造型设计

图6-16 仿生形态产品草图

图6-17　剃须刀曲线绘制

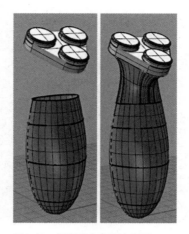

图6-18　剃须刀主体形态创建

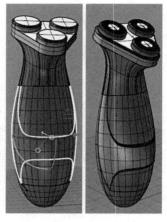

图6-19　剃须刀模型细节创建

2. 曲线绘制

在完成上一步的建模分析后，接下来我们对要建模的物体进行画线。这时，我们还要考虑哪些线我们要画、该画，哪些是多余的、不该画的。同时，画线应该注意线条的走向，因为你画的每一根线都影响着你将要建立的模型，所以说画线是一个严谨加耐心的过程，只有把线画好了，才能更好地表现你的设计意图，产品才会更美观（图6-17）！

3. 组合成主体形态

把线画好了，我们将要做它的主体形态，也就是说根据线来做产品的面、体，最后将它们组合成主体形态。如果是综合性的模型，线、面一定要分好图层，清晰的分层对建模非常有帮助，所以，我们要学会划分图层（相同物件材质或一个单一零件可以作一个图层）。这个阶段，建模不要急忙地去进行倒角处理或打孔这样的后期工作，以免修改时带来不便（图6-18）！

4. 修正做细节

做最后完善处理，包括倒角等。当然，倒角也有倒角的原则。对于多条边缘交会的圆角，要做到先大后小，即先做大圆角，再做小圆角，才不会出问题。所以在整个建模过程中，不同的步骤当中，还有不同的技巧点，这个需要我们多练习，在解决问题中去总结经验（图6-19）。

另外：我们在建模过程中也要形成一些良好的习惯，比如及时保存等。

课后习题：对下面图片中的产品进行建模前分析，并试着建模（图6-20）。

图6-20　风油精瓶建模练习

6.3　犀牛建模的基本思路

我们在设计草案通过，需要用Rhino软件进行二维到三维的转型时，切勿操之过急，我们首先要对模型进行分析，适当地分析可以让我们用最快最准确的方式将模型构建出来。养成这种"三思而后行"的建模习惯，往往能起到事半功倍的效果。

下面我们对一些常见的产品主体造型进行分类。

6.3.1　多使用基本形体生成，想好办法

我们在进行犀牛建模时，切记不要一上来就想当然地开始画线，我们要对模型进行分析，能通过基本形体去生成的，尽量不要去画线生成。

如图6-21所示的近视眼镜，拿镜片的建模来说，有同学一上来就打算画镜片的四边的轮廓线去扫掠生成，但很快就会发现，这种思路让我们陷入了被动。我们根据这种方法的思路来分析，眼镜造型的边缘剖面线为圆弧形，根据圆弧作为剖面线去双轨扫掠的话，曲面效果势必很差，而且图中的路径线为空间曲线，从前视图看有弧度，绘制较为吃力。

不妨找来一副眼镜观察，会发现镜片曲面弧度是非常饱满自然的。显然，图6-22中这种眼镜片的建模方法是不对的，那么眼镜片到底应该怎么建模呢，这里就需要同学们去思考了，当然很多同学说想破脑袋也不知道啊！俗话说任何灵感都是来源于生活的。

看了生活中眼镜片的制作方法，你肯定想出来镜片的建模方法了吧（图6-23）。

下面我们来按照这种思路进行制作，正确的方法是首先绘制出镜片打磨以前的侧面形状（注意中间薄，两边厚）然后从中间裁切掉一半（图6-24）。

接下来，采用旋转成型的命令，绘制出镜片打磨前的形状。然后用线绘制打磨的形状（图6-25）。

接下来挤出曲线为曲面，然后用布尔运算分割眼镜片，保留我们需要的部分（图6-26）。

图6-21　近视眼镜

图6-22　镜片的四边扫略成型

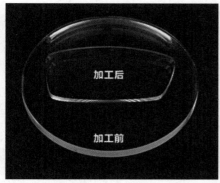

图6-23　眼镜片的加工流程

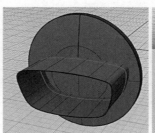

图6-24　镜片侧面形状绘制

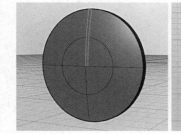

图6-25　镜片旋转成型

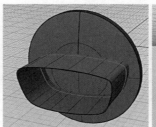

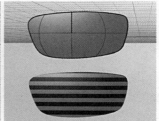

图6-26　镜片分割处理

通过斑马纹分析，眼镜片的曲面效果是非常好的，这个简单的例子告诉我们以后建模的时候，一定要多分析，相信大家一定能找到更好的方法去解决问题。

6.3.2　基本工具能否生成，找好命令

这里我们之所以把基本工具生成造型作为一个类型来说，是因为我们在建模的时候，会遇到很多看似复杂，貌似需要费很多精力能制作的模型，但其实如果仔细地分析，却不难发现，使用很常规的方法和命令，很容易就生成了。

我们来看图6-27，多边形碗的建模，可能有同学一上来就开始画线了，犀牛是一个曲线建模软件，但是如果什么产品你一上来就开始画线准备做曲面，便陷入了一个误区。我们顺着这个思路来对三边碗进行建模分析，大部分同学的思路是画出碗的三角横截面，然后画出三根边缘的轮廓曲线，用

网线建立曲面的命令生成。

我们所绘制的三角碗为等边三角形，这种方法虽然比较费劲，但曲面也可以生成，我们通过绘制一个轮廓边，然后用阵列的方法生成其余两条轮廓边。但是这个方法的缺陷是，如果三角碗的断面轮廓为不等边三角形的话，三条侧面轮廓线的绘制就十分费力了，如果碗是几十边形或者更怪异的轮廓，那这种方法就无法实现了（图6-28）。

但是如果我们用下边的方法的话，就很容易实现了，我们采用路径旋转的方法来实现（图6-29）。我们只需要画出碗的顶部轮廓，再画出一条侧轮廓，然后用路径旋转的方法便可以轻松做出曲面了，我们甚至可以直接将侧轮廓线画成双层，然后直接旋转出来厚度，这是原先的方法很难达到的。对于其他的各种形状，我们也都可以轻松地实现（图6-30）。

这个例子告诉我们，有时候一个造型建模的方法虽然多种多样，但是选对命令是至关重要的，掌握了正确的命令，便可以触类旁通，对于某一种类的建模都可以

图6-27　三角碗实物

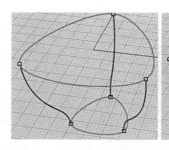

图6-28　网线建立曲面创建方式

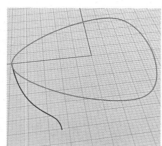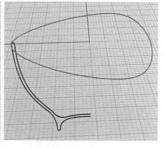

图6-29　路径旋转创建方式

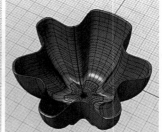

图6-30　路径旋转成型建模

轻松地应对。当然这里可能也需要一定的经验，但是这就需要我们在学习过程中的积累了，一定要多思考，做个有心人。

6.3.3 多模块拼接造型，分而治之

我们在构建三维模型的时候，对于一些由很多模块拼接而成的造型，我们便需要以先局部、后整体的思路去构建，先对各个模块进行构建，然后再将他们拼接或者关联起来。因而，我们在建模时，需要先观察模型能不能分成模块，思考怎样分模块（图6-31）。

对于图中这款吹风机的建模，有同学可能一上来便开始顺着造型开始画线着手建模了，先画出上下轮廓线，再画出横向轮廓线（图6-32）。

之后利用工具生成出横跨四条轮廓线的断面线，之后用织网命令生成曲面（图6-33）。

我们观察后不难发现，用这种建模方式，吹风机的主体部分与手柄的连接处的面连接精度较差，这是因为四条轮廓线在这个地方均产生了较生硬的转折，因而该部位的断面线发生了扭曲，显然这种方法不适合改吹风机的模型构建。

我们用分模块的办法进行构建，经过观察，该吹风机可以分为横向的吹风部分和纵向的手持部分，先分别构建两者，最后再将两个部分连接起来。

先画出横向部分的轮廓线，注意两条轮廓线的点数保持一致，然后在线的控制点上画出若干个直径的圆，然后过圆的四分之一点，便可以画出轮廓了，简单而精确。画完线后用网线建立曲面工具生成曲面（图6-34）。

接下来进行手柄部分的构建，也是同样的方法，先画出轮廓线，过线上的控制点画出过直径的圆，然后

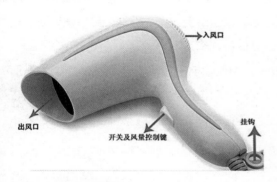

图6-31 吹风机功能分解

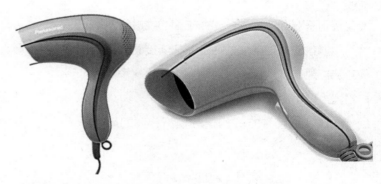

图6-32 吹风机轮廓线创建

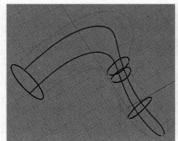
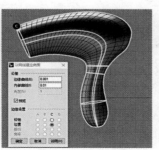

图6-33 织网命令创建方式

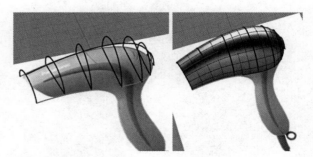

图6-34 创建出风部位造型

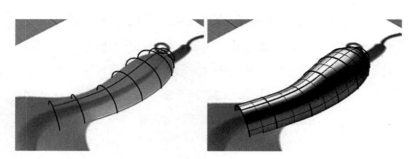

图6-35 创建手柄造型

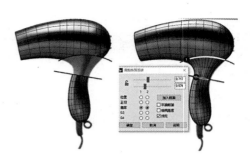

图6-36 曲面混接成型

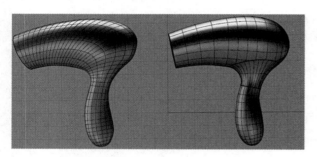

图6-37 两种方式比较

过圆的四分之一点再画出面轮廓，最后生成曲面（图6-35）。

接下来对两曲面部分根据左图的线进行裁切，然后用混接曲面工具生成两部分的连接面，利用这种方式构建的模型由于可人为控制的元素较多，可控性强（图6-36）。

通过上述两种方式构建的模型，我们可以看出，右侧的模型由于是通过分块建模，因此得到的吹风机造型曲面线形美观，建模的精度较高。而左侧的模型断面曲线扭曲，在出风筒造型与手柄造型的部分甚至曲面出现了凹凸的痕迹（图6-37）。

6.3.4 细节较多造型，分清主次

对于细节较多的形体的建模，我们切记不要被吓到，只要我们理清思绪，其实并不难。面对这种造型，我们一定要先整体再局部，先把大的形体做出来，之后再去添加上边的附着造型或者小部件，最后确定没问题时，再对细节进行刻画。

如图6-38中这款电子产品，产品主体造型为弧形曲面，主体明确，且该产品本身细节较为丰富，我们在建模时，必须要把主体先建出来，然后再去刻画细节，

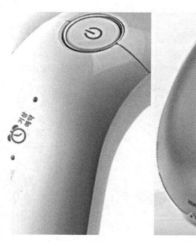

图6-38 水滴造型电子产品

主体造型确保无误后再去制作细节，因为如果一旦主体需要调整，细节造型就需要再根据调整后的主体重新做一遍了，这样就浪费了时间。此外，细节的制作必定会将主体面进行分割或者其他的改动，如果主体面一旦要修改返工的话，已经破坏了的曲面也很难恢复了。

首先我们利用前视图，画出内外两条轮廓线，以及纵向轮廓线。利用三点圆弧，画出内外两个弧形面的断面轮廓线（图6-39）。

然后用从网线建立曲面工具，依次选取一根轮廓线和两条纵向轮廓线，以及六根弧形断面线，分别做出内外两个水滴状的环形弧面（图6-40）。

最后，在两个主体面制作完成并验证无误后，着手刻画模型上边的细节部位，利用画线工具绘制细节造型，借助投影工具等投射至曲面上，然后通过分割布尔运算等命令制作出细节（图6-41）。

课后习题：思考下面图片中的产品的造型特征，尝试建模并刻画细节（图6-42）。

6.4 犀牛建模的核心环节

我们想要用犀牛这个软件来建模，就必须了解和掌握这款软件的核心建模环节，就是对建模的成败及建模的好坏影响最大的部分，面对复杂的模型，想要真正地做到胸有成竹，建模如同庖丁解牛一般，我们对这一部分就必须熟练和精通，如果你只掌握了一点，你可以去尝试较简单的曲面建模，但是如果我们想要进行较复杂的模型建模，就必须在做到熟悉基本命令的同时，在核心环节上下功夫。

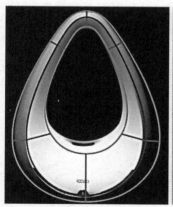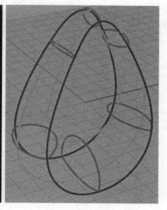

图6-39 产品轮廓线创建

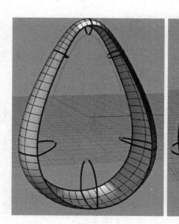

图6-40 主体曲面创建

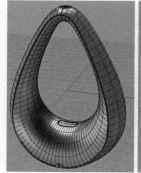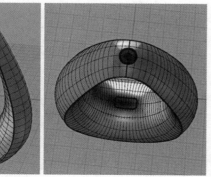

图6-41 产品细节创建

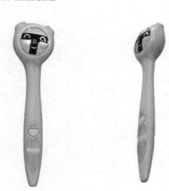

图6-42 概念遥控器产品造型

6.4.1　曲线绘制环节

曲面绘制对线的要求特别高，线的阶数和点数都是直接影响曲面质量的要素，这里还要说一下关于曲线绘制重点中的重点，是要熟练绘制三维空间线，通过你绘制的三维空间线的质量，就能知道你对产品三视图的认知能力有多强，所以对产品三视图的熟悉程度是绘制三维空间线质量好坏的基础。

如图6-43中这款校园衍生品茶具，我们在进行壶嘴部分建模时，由于壶嘴的两边轮廓线不一致，且只有一个视图作为参考，因而我们采用双轨成型工具创建该部分的曲面。

双轨成型方式可以控制轮廓线所在位置的形态，然后利用壶嘴曲面的断面线进行扫掠成型。通过观察，发现在出水口的轮廓线位置存在平行关系，出水口轮廓线不必重新绘制，因为重新绘制首先无法保证平行关系，其次在进行双轨成型时因尽量保持两条路径线的阶数和点数一致。这里采用偏移的方式生成轮廓线，以确保在出水口部位的平行关系（图6-44）。

打开偏移生成的轮廓线的控制点，发现点数量较多，这对后面调整线的形态带来很大的困难，而且也无法与其对应轮廓线点数一致。通过重建曲线工具我们得到对应轮廓线的阶数为3，点数为14，因而将线进行重建，得到阶数为3，点数为14的线条。接下来选中部分控制点，利用旋转命令进行控制点位置调节，来改变曲线的形态。通过依次递减控制点的选择，最终将该曲线调整到图6-45的状态。

接下来需要进行断面线的绘制，我们分析图片发现壶嘴部分曲面的断面线轮廓为圆形，切圆形直径呈现由上至下的递增，这与我们竹竿结构有点类似。我们观察竹节接口处的轮廓，发现该轮廓与两条轮廓线路径方向曲线夹角一致，在甘蔗、节节高等类似形态的植物上也都可以发现这一规律，这种的结合方式给人一种自然的秩序及韵律感（图6-46）。

因为要符合断面与两条轮廓线的夹角一致的规律，因而我们将在两条线之间绘制一系列的相切圆，然后用直线工具做出圆与曲线切点的连线，这些连线其实就是我们断面线在前视图所呈现的形态。此时我们在透视图中利用所绘制的系列直线的端点画出直径的圆，即为壶

图6-43　校园文化衍生水壶

图6-44　壶嘴轮廓线创建

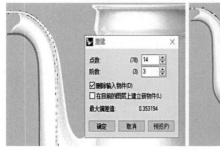

图6-45　轮廓线调整方式

图6-46　竹子弯曲状态的竹节

嘴曲面的断面线（图6-47）。

利用两条轮廓线以及上一步所绘制的系列断面线，通过双轨成型命令，便可生成壶嘴的曲面，在弹出来的双轨成型面板中勾选不要简化，即可生成曲面形态（图6-48）。

为了突出本节所示断面线绘制方式的优势，我们只选用首末两端的一小一大两条断面线结合轮廓线进行扫掠，生成了右图所示的壶嘴曲面。通过与左图对比，我们发现该曲面的造型缺乏圆润感，曲面有明显的折痕。因而可以断定断面线与路径线的关系对后续曲面的生成有较大的影响，我们在后续进行相关曲面绘制构建时，应注意断面与路径的排布关系（图6-49）。

6.4.2 曲面工具应用环节

这里所说的曲面工具的应用，包含曲面造型工具和曲面编辑工具，之前说过这个问题，每个犀牛玩家都有着自己的犀牛工具库，曲面可以用网格，也可以用双轨等构建。这取决于对工具的熟练程度。所以曲面工具库是第二大重点，建模都是从点到线到面再到体的简单过程，所以线和面是桥，没有它们就到不了体。

1. 网线建立曲面工具与双轨扫掠工具

对于所生成的面UV两个方向的线均在两条以上时，我们只能使用网线建立曲面工具。而当UV两个方向的线有一方为两条时，两款成面工具均可以使用，我们可根据具体情况针对性选择。

上图中左侧的面我们使用网格成面工具生成，右侧则使用双轨扫掠工具，面对两个方向的控型线较多的情况下，我们使用网格成面工具，由图所示该工具对A、B、C、D四条边缘的精度均可控制，而双轨扫掠工具只能对断面线边缘进行精度的控制（图6-50）。

图6-51中的这款卡通造型，其主体为球体曲

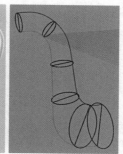

图6-47 壶嘴截面的绘制

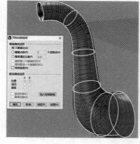

图6-48 壶嘴的双轨成型创建方式

图6-49 不同生成方式的对比

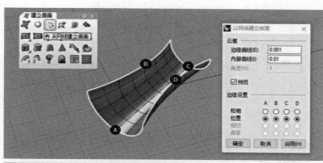
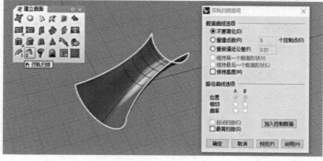

图6-50 网格成面工具的应用

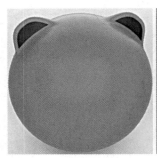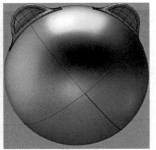

图6-51　卡通耳朵产品造型

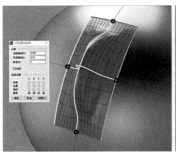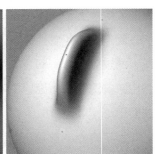

图6-52　边缘线网线建立曲面

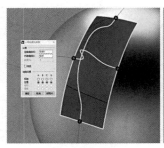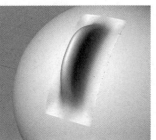

图6-53　曲线网线建立曲面

图6-54　校园文化衍生汤匙

面，耳朵部分在球面上做出切口后再绘制耳朵的轮廓曲线进行创建。

　　在进行耳朵部分曲面创建时，由于两个方向的线均有三条，因而这里选用网线建立曲面的工具，依次选择不同色的三条线及横向的三条线进行创建，此时靠近曲面边缘的线切记选择曲面边线，因为右图中A、B、C、D四个边缘需要做到曲率连续。这样最终生成的曲面可以和曲面完全衔接在一起，从右图的渲染模式观察可以发现二者完全融合在一起（图6-52）。

　　如果选取的是曲线的话，在网格创建面板是无法进行选择曲率连续的，只能选择到位置连续的级别。如图6-53所示，其最终生成的曲面跟球面的衔接上会出现很大问题。

　　2.　曲面混接工具与曲线成面工具

　　在有一些曲面建模的情境中，往往曲面混接工具直接进行混接与手动画线再利用曲线成面工具的结果"差不多"。但通过分析就能发现其中的区别，而且对模型的效果呈现有着至关重要的影响。

因而在实际的建模中要根据不同的情况进行对应性选择，用最适宜的方式完成想要表达的效果。

　　如图6-54中这款校园衍生品汤匙，它的手持部位为平面造型，左侧的盛放部分为球体曲面的一部分，我们只需要得到左右两侧的曲面后做出二者的连接曲面即可。

　　我们利用圆球面切出左侧的盛放部分曲面，用矩形线框和圆弧线做出手持部分轮廓线后补面即可得到手持曲面，将二者摆放到如左侧图所示位置。然后我们选择曲面混接工具，将曲面精度调至为曲率连续（图6-55）。

　　我们观察所生成的曲面，比如左侧图中的视角观察

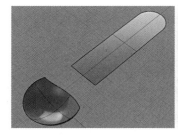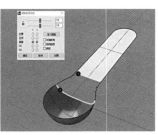

图6-55　主体曲面创建

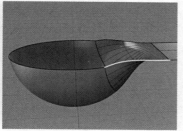

图6-56　曲面混接生成过渡曲面　　　　　　　　　　图6-57　曲面混接创建辅助线

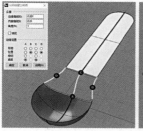

图6-58　网线建立曲面生成过渡曲面　　　　　　　　图6-59　双规扫掠生成

看并没什么问题。但当我们将视角拉进，并且旋转
至右侧观察时，却发现通过混接曲面所生成的面的
边缘存在翘曲，无法满足要求（图6-56）。

　　因而这里我们采用绘制曲线成面的方式，通过
曲线混接工具，利用两个面的边缘线依次做出两条
轮廓线。中间的混接线需要我们提取两个面相应位
置的结构线后再进行混接得出（图6-57）。

　　我们首先采用网线建立曲面工具，为了控制曲
面精度，在选择A、C边缘的线时，选择曲面的边
缘线，不直接选用曲线，因为B、D处只能选用曲
线的状态下，其边缘精度设置只能设为位置级别，
而A、C处可以达到曲率级别。我们观察右侧图中
生成的曲面，可以看到完全满足要求（图6-58）。

　　除网线建立曲面工具外，我们还可以使用双轨
扫掠的方式生成曲面。如左侧图所示，我们将A、
B两处作为路径，上个环节中混接出来的三条曲线
作为断面线。值得强调的是，进行A、B两处的路
径选择时，需要选择曲面边缘线，而不是曲线，这
样才能满足边缘的曲率要求（图6-59）。

　　如图6-60中这款校园衍生品水壶，由于其壶

图6-60　校园文化衍生水壶

身下部为方形，水壶出口为圆柱形，因而我们需要两部
分进行单独创建后，再进行连接，创建两部分的过渡曲
面（图6-60）。

　　首先绘制底部造型及瓶口造型的断面线，瓶身线为
正方形线框进行曲线圆角后生成，瓶口线通过圆线直接
绘制。然后进行曲面挤出命令，生成两部曲面。接下来
通过投影及混接曲线的方式，作出中间曲面部分的轮廓
线（图6-61）。

　　首先尝试使用网线建立曲面工具创建中间曲面，由
于下面的瓶身面的挤出线是方形圆角形成的，所以挤出
的面是由多个面拼接形成，我们在使用曲面工具时无法
选用曲面的边缘，只能使用C处的轮廓曲线代替，造成

图6-61   绘制主体面及辅助线

图6-62   网线建立曲面创建中间曲面

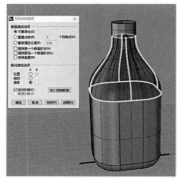

图6-63   双轨扫掠创建中间曲面

了C处边缘只能达到位置的精度要求。如右侧图所示，在曲面绘制完成后会发现其与下部的曲面连接处有明显的痕迹（图6-62）。

接下来使用双轨扫掠来创建中间曲面，同样无

法选用曲面的边缘，只能使用下部的轮廓曲线代替，此时在工具面板中甚至无法进行该处精度的设置。如右侧图所示，在曲面绘制完成后会发现其与下部的曲面连接处也有明显的痕迹（图6-63）。

6.4.3   曲面的分面环节

为什么要说这个，工具不是万能的，就和家里的照明灯一样，你用它照亮周围是可以的，但是你用它照亮整个城市那肯定是不行的。所以要想照亮整个城市，必须划分区域，每个区域都要配置照明工具。就和曲面造型分面一样，对于一般的产品，我们可能使用一两种工具，做一两个面就建出模型来了，但是对于较复杂的曲面，必须要由很多的面来组成，这时候我们就必须采用分面的思路了，每块面都要有相应的工具来构建，然后把他们整合在一起。

图6-64中的造型，两个环形曲面中间的连接面部分，由于较为复杂，所以必须通过分面的办法去实现。我们仔细观察该造型，发现是由右侧图中的形态两个方向镜像而成。因而我们采用分面的方式，先创建右侧图中的曲面。

我们先创建右侧圆环部分曲面，保留所需的部分后，画出中间形态的曲线轮廓，即右侧图中的黑色曲线框（图6-65）。

将左侧图中两条线进行圆角，然后连接起来，为下一步创建曲面做好准备。将右侧图中A边缘向左挤出曲面，然后利用网线建立曲面工具创建曲面，依次选取A、C两条曲面边缘线及B、D两条曲线，将A、C边

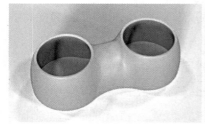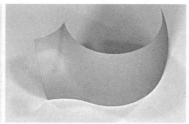

图6-64   复杂曲面的分面

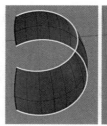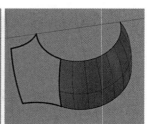

图6-65   绘制曲面及曲线轮廓

缘设置项调到曲率状态，B、D位置由于采用的曲线，所以只能调至位置状态（图6-66）。

之后在顶视图过之前绘制圆角线的端点绘制左侧图中的直角线，将其投影到曲面后切割曲面，按右侧图所示删除右上角曲面（图6-67）。

然后利用网线建立曲面工具创建曲面，依次选取A、B两条曲线及C、D两条曲面边缘线，将C、D边缘设置项调到曲率状态，A、B位置由于采用的曲线，所以只能调至位置状态。参数设置完成后，点击确定生成曲面，并将它与其余面组合起来（图6-68）。

通过镜像工具将其余三个部分生成，将四部分的接口处进行修剪，然后再利用混接曲面的方式进行优化后，便可创建出最终的形态（图6-69）。

我们在后续五边面的创建中，也可以参照这种方法。

对于左侧图中六边面的创建，需要采用分面的思路。将此处的六边面分为中间四边面与两侧三角面的组合，而两个三角面也是经过四边面修剪得到的（图6-70）。

我们先使用混接曲线工具，生成如左侧图所示两个混接曲线。然后使用网线建立曲面工具，创建两个曲面，将边缘设置精度调到最大（图6-71）。

之后通过投影方式在两个曲面上得到左侧图中的投影线，用投影线将曲面进行分割，保留右侧图所示的两个三角曲面（图6-72）。

使用网线建立曲面工具进行曲面创建，将A、B、C、D边缘设置都调至曲率，参数设置完成后，点击确定生成曲面，并将它与其余面组合起来（图6-73）。

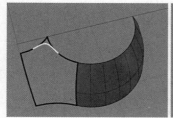
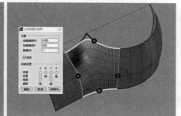
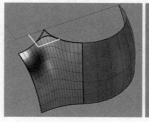
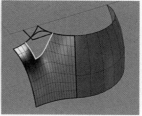

图6-66　网线建立曲面创建曲面

图6-67　曲线投影切割曲面

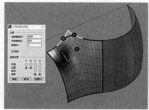
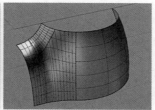
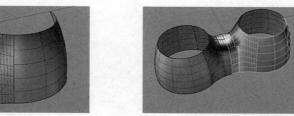

图6-68　网线建立曲面工具补面

图6-69　镜像出其余部分

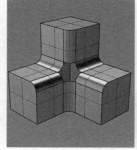
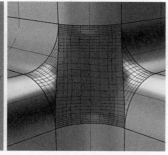
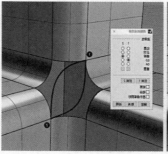
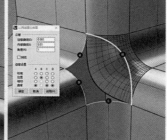

图6-70　六边面的补面思路

图6-71　网线建立曲面创建曲面

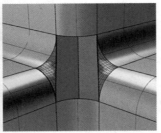

图6-72　投影线分割两个曲面

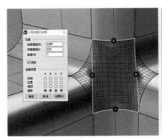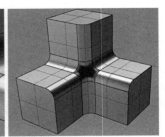

图6-73　网线建立曲面工具补面

6.4.4　曲率分析环节

在曲面匹配后，我们便可以利用打开斑马线，分析曲面的连续性，根据需求进行相应的修改。尤其是像汽车等对曲面精度要求比较高的模型，我们要学会及时地对我们的曲面进行曲率分析，保证面的精度。

G0连续，即位置连续，表示曲面连接在一起，但是斑马纹在中间有断开层，在模型上则表现为存在尖角或者折痕（图6-74）。

6.4.5　曲率设置环节

面的曲率关系，位置、相切和曲率三种形态在曲面构建过程中有着十分重要的作用，设计较硬朗的产品，曲面相切关系应用得较多，具有动感的产品，曲率关系则应用较多，在实际建模中，我们可以根据模型的效果来具体设定相应的面的曲率关系。

如图6-75中左侧图，这款电子产品蛋壳面的建模，利用网线建立曲面命令时，由于蛋壳面十分的光滑圆润，因而设置A、C、D三个部位的曲面连接为曲率连续，因为B处两个面的关系为相切就可以了，因而选择相切的连接关系。

G1连续，即相切连续，斑马纹在转折处为突变的状态，表示曲面相切连续，表现在模型上为倒圆角等情况（图6-76）。

G2连续，即为曲率连续，斑马纹平滑连续，曲面看上去很舒服（图6-77）。

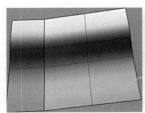

图6-74　曲面的斑马纹分析

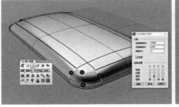

图6-75　电子产品蛋壳面的斑马纹分析

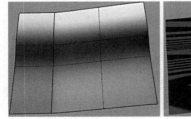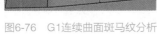

图6-76　G1连续曲面斑马纹分析

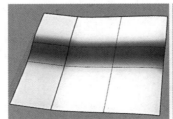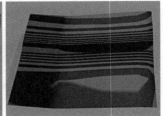

图6-77　G2连续曲面斑马纹分析

图6-78　测温计产品造型1　　图6-79　测温计产品造型2

以上五点是曲面产品建模过程中必须重点掌握的技能，而且要很熟练（最好精通），除此之外还有其他需要掌握的，这里就不再多说明了，重点在于上面五点。犀牛玩得好不在于你对着原图（别人做好的产品）建模能力有多强，而是看你实现自己想法（自己的设计图从平面转三维的过程）的能力有多强，这个过程就涉及你所构建的面，产品造型和模型质量等综合评价了。

课后习题：对图6-78、图6-79中的产品进行建模，考虑建模中如何分面，以及各面块间的曲率关系。

6.5　后期细节处理

有同学认为模型的面块建完了，看起来效果不错，就完事大吉了，殊不知后期细节的处理也是至关重要的，产品的建模较为特殊，与动画设计、室内设计中的三维建模不同的是，产品设计的模型除了需要考虑到后期的渲染，展示等效果，还需要涉及制作实物模型等加工环节，因而对模型的要求非常的严格。

6.5.1　组合曲面

很多同学在模型建完之后，发现对模型进行组合时，模型上的一些面无法组合在一起，如同一盘散沙。有同学为了省事，采用群组的方式，直接全部选中，通过群组命令硬生生地固定在一起，殊不知这对后期的模型加工环节影响很大，模型的加工都是根据文件来计算的，如果发现无法连在一起的面，就不能精确加工了。其实模型的面无法组合，是细节的问题，完全可以通过简单的处理去解决。

下面我们来分析几种常见的面无法组合的原因。

（1）重复面。当面无法组合时，我们看看是不是有重复面，很多同学在建模时，会对曲面采用复制命令，如图6-80所示的面无法组合在一起，当我们用鼠标尝试选中该曲面时，发现出来了一个小提示窗口，显示有两个曲面可进行选择，这就是为什么无法组合的原因，该曲面有两个，我们选中其中一个进行删除，再全图框选进行组合的话，就可以组合在一起了。

值得一提的是，对于面数较少的模型，我们可以采取点选的方式查看面是否有重复，但是如果面对较为复杂面数很多的模型，我们如何去确认重复面并且删除呢？这就需要我们用到图6-81中的选取重复物件的命令了，即使再多的重复面，我们也可以一个命令全部选中。

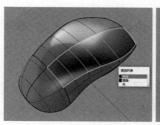
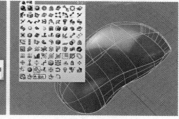

图6-80　曲面重复影响组合

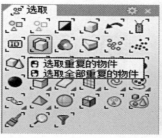
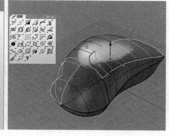

图6-81　选取重复物件命令查找重复曲面

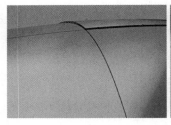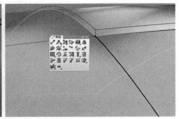

图6-82　手动复位方式来恢复曲面

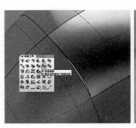

图6-83　曲面衔接工具修缮曲面

（2）建模质量。模型无法组合时我们排除了重复面方面的问题之后，我们就要放大不能组合的曲面的四个边缘，看看是哪条或哪几条边缘的连接处存在问题。因为建模过程是一个较为复杂的过程，我们在操作时失误不小心把面移动了，如图6-82左侧图所示。我们可以通过放大来观察，发现问题后，点击面的角点处手动复位的方式来恢复位置。

如果通过这些方法还找不到原因，那就是建模的质量问题了，比如面的连接处存在缝隙，可通过曲面衔接工具来进行面的修缮。曲面衔接工具在建模中使用频率非常高，通过调整所要改变的面的曲线结构，来达到与之相对应的面的连接关系。另外，对于一些处于需要倒角部位的面如果无法组合，可以通过自己手动倒角来实现面的组合（图6-83）。

6.5.2　倒角处理

很多同学在建模完成后不倒角，原因是处理不好各个部分的倒角，容易倒破，不倒角的模型除了

渲染的时候能看出瑕疵，加工的时候也是会有问题的。我们建一款模型时，一定要做好细节的表达，只有做好倒角，才能更好地体现细节，想想我们身边的产品或大或小几乎都是有倒角的。常见的倒角无法实现的原因有哪些呢，下面来分析一下。

数值问题，通常来说实体的倒角是相对来说很好实现的，我们只要选中需要倒角的边缘，然后点击命令就可以了。但是如果不懂得倒角的规律，仍然有可能出现无法实现的倒角。

倒角的时候应该遵循先倒大数，再倒小数的原则。如图6-84，先将立方体侧边圆角5个单位，圆角成功后再将剩余圆角8个单位时，操作失败，因为在之前圆角给定某一数值并且操作完成后，想要在此基础上再进行圆角的话，其数值就必须小于等于之前的数值了。

我们只有将想要圆角的边缘同时设定倒角数值，右侧边缘5个单位，前侧两个边缘8个单位，如图6-85中左侧图，显示操作成功。对于复杂的模型，如果忘记了同是设定倒角的数值，那我们想要实现效果，就只能借助手动操作实现了。右侧图中先分别圆角3个侧边，然后将3个圆角面切割，之后利用织网命令生成过渡弧面。

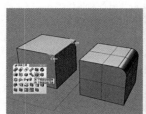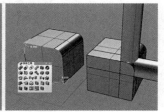

图6-84　数值问题倒圆角失败

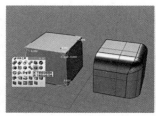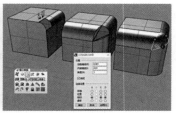

图6-85　同时设置倒圆角数值

6.5.3 手动倒圆角

曲面衔接问题，相对于几何形体上的圆角来说，自己创建的较复杂曲面由于可能存在曲面的衔接问题。比如曲面间存在缝隙等原因造成了无法利用圆角工具圆角的情况，这时就需要手动来进行圆角，同时，通过手动圆角，也解决了曲面无法组合在一起的问题。

如图6-86所示的模型，我们通过圆角工具圆角时，发现模型的一部分边缘无法选中，这是因为在对侧面进行调节时，改变了与前边大面的连接关系，因而造成了圆角的失败。此时，采用手动圆角，如右侧图所示，我们先提取各个边缘的边线，并且每条线的两端都延长。

如图6-87所示，再将这些边线利用圆管工具生成实体圆管，见左侧图。之后用圆管将实体面进行分割，删掉圆管，以及圆管中间被裁掉的面，见

右侧图，之后再进行下面的工作。

利用曲面混接工具进行面的混接，对于三角面的部位，将两侧的面的边缘打断后分别混接，如图6-88左侧图所示。然后比较难处理的是剩余的五边面，利用提取三角面和上边的弧形面的纵向结构线，然后用曲线混接命令，生成如右图所示线。通过这种方式，将五边面转化为两个四边面的补面。

如图6-89左侧图所示，我们利用网格成面工具，生成图中的曲面，右侧同理，最终如右侧图所示。

其实大家都知道实体的角最好倒，原因是有一个实体倒角工具可以将不同大小的角一起倒，能让模型不同倒角处很好地过渡衔接，但是在实体倒角无法使用，或者出现错误时，我们就需要积极想办法，通过补面等方法实现手动的倒角。

课后习题：对下边的产品进行建模，并做好圆角等细节处理（图6-90）。

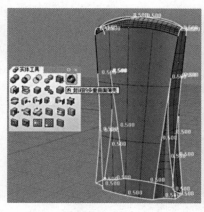
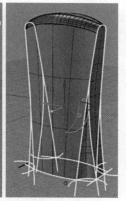

图6-86 选择提取边缘线

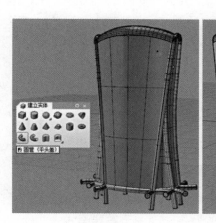

图6-87 生成圆管修剪曲面

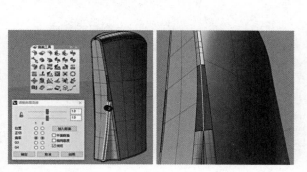

图6-88 边缘分段混接曲面

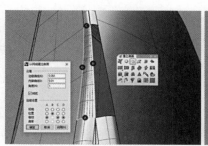

图6-89 网线建立曲面方式补面

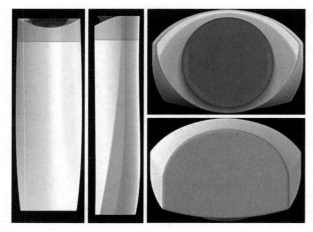

图6-90　洗发水瓶造型四视图

6.6　插件辅助建模

6.6.1　T-Splines插件辅助建模

T-Splines建模方式结合了NURBS和细分表面建模技术的特点，虽然和NURBS很相似，不过它极大地减少了模型表面上的控制点数目，可以进行局部细分和合并两个NURBS面片等操作。使用T样条建模可以减少控制点的数量，并且使得各个面片之间更容易融合，可以通过节点插入算法被转换为NURBS曲面，具有NURBS的基本特性，模型可以做到非常的精确。通过简单的拖、拉、挤等动作就可以做出超乎想象的自由模型。我们在进行一些较为复杂的形态造型时可以尝试使用T-Splines建模方式，常规的犀牛建模由于需要画线生成曲面，曲线的绘制往往过于局限，对于这种方式来说就相对简单了。

例如这款祈雨花盆，设计灵感来源于我国古代的祈雨习俗，将祈雨的场景与花盆设计相结合。使用过程分为祈雨—出云—降雨三个环节：种植多肉的花盆为祈雨小人，虔诚地跪在那里，仿佛随时在提醒我们大发慈悲给它补水；需要浇水时，我们便可以拿出云朵，吸附在代表天空的有机玻璃

上，视为出云；云朵底部布满了孔洞，当我们往云朵里注上水，盖上盖子后，便开始降雨，通过降雨的方式给植物补水，避免了直接用容器浇水对土壤的冲击，实现了润物细无声般的照料。这款设计将传统的文化传说与现代生活方式相结合，为文创设计带来新的思路。但正是由于其包含造型元素过多，我们在实现三维建模时，其中的云朵部分以及小人很难用传统的画线方式实现（图6-91、图6-92）。

我们在最初进行云朵部分的建模时，采用常规的画线成面方式，先绘制出图6-93中云朵的轮廓线，再利用轮廓线建立曲面工具，生成七条黑色的云朵断面线，然后利用网线建立曲面工具，生成如图6-94所示云朵造型，但所生成的云朵造型过于生硬，无法体现云朵飘逸饱满的感觉。

而后我们使用T-Splines建模方式，首先创建一个插件中自带的多边形实体，利用面挤出工具及调整控制

图6-91　祈雨花盆设计

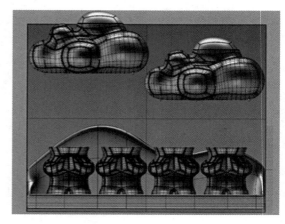

图6-92　祈雨花盆犀牛模型

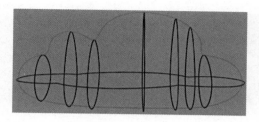

图6-93　云朵造型曲线绘制

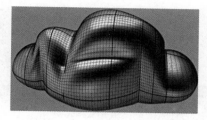

图6-94　网线建立曲面云朵曲面

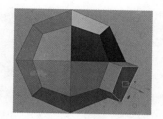

图6-95　T-Splines多边形实体

点的方式，最终生成多边形云朵造型，在创建过程中可以切换为圆滑显示进行观察，在多边形模式下进行调整（图6-95、图6-96）。

调整至最终形态后，转化为圆滑显示，然后在上部定好注水口的位置，切出盖子和下部储水空间。我们发现T-Splines模型在进行切割编辑后，自动转化为NURBS曲面。随后我们将上下两部分利用曲面偏移工具偏移出厚度，转为壳体后进一步进行出水孔等结构的建模。常规的NURBS建模与T-Splines建模方式相互配合使用（图6-97、图6-98）。

对于花盆小人造型的创建，也是使用T-Splines多边形面挤出结合反复调整的方式

调整造型，由于小人本身是左右对称的，我们可以在构建过程中只保留身体的一半进行调整，另一半采用T-Splines镜像工具生成，直至完成最终造型（图6-99、图6-100）。

在最终调整完成后留出上部开口，此时的花盆壳体厚度可直接使用T-Splines的曲面偏移工具直接生成（图6-101）。在偏移完成后，我们要新建一个备份图层，将T-Splines造型进行备份。稍后需在造型的底部切出出水口，此时的切割过程会自动将T-Splines曲面转化为NURBS曲面，观察图6-102会发现，转化后的造型是由多个NURBS曲面拼接而成，因而是不可再转回T-Splines曲面的，所以我们需要留一个T-Splines曲面以备后续修改。

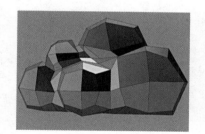

图6-96　多边形云朵造型构建

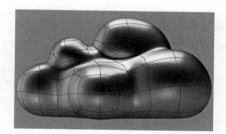

图6-97　云朵造型圆滑显示

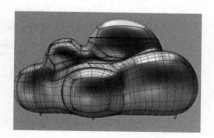

图6-98　云朵造型最终形态

图6-99　多边形花盆小人构建

图6-100　花盆小人圆滑显示

图6-101　T-Splines成型最终形态

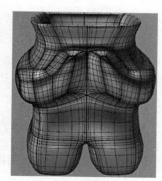

图6-102　NURBS曲面拼接形态转换

6.6.2　参数化辅助建模

　　装饰参数化又叫表皮参数化，是目前参数化在产品设计领域最主要的表现方式。我们经常看到造型宛若天成，非人力所能及的产品表皮设计，常常百思不得其法，设计师是如何实现的，这就是用到了参数化的思维去进行处理的。

　　例如这款外延为泰森多边形表皮的碗（图6-103），如果手工去实现建模，看起来是非常困难的，但是用参数化的思维方法，再借助相应的工具，便可迎刃而解。这里我们用到的是工业设计常用的犀牛软件的插件Grasshopper，首先我们要分析这款碗的表面有许多的不规则凹陷形态，使用随机不规则的方式来生成造型，然后用减法及布尔运算来实现效果。首先，生成常规的碗的三维模型，然后将模型的外表面在模型中进行分解，并且向外偏移一定的距离，然后在此表面利用参数化工具生成许多个不规则分布的点，再将点转化为圆球，用这些圆球和碗进行布尔运算，便可以得到最终的表皮效果（图6-104）。我们可以通过改变点的数量，圆球半径，以及距离碗的距离等参数，得到各种各样的结果，这对于手工建模制作简直是无法想象的（图6-105、图6-106）。

6.6.3　VSR Shape插件辅助建模

　　我们对图6-107中造型的部分边缘进行圆角，命令执行完成后，会发现此处的圆角无法达到我们的要求，出现了近似一个六边形的破洞（图6-108）。这是由于NURBS建模圆角只能生成四边面，遇到此种设计六边成面的问题是无法解决的，在以往只能是通过补面的方式进行处理，但需要一定的技巧，切曲面衔接过程较为复杂，精度很难保证，对于初学者几乎是不可能完成的。

　　而通过VSR Shape插件，遇到此类问题时

图6-103　泰森多边形表皮碗　　　　图6-104　泰森多边形表皮碗草图

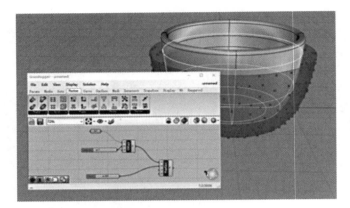

图6-105　生成不规则分布点

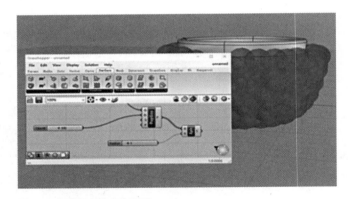

图6-106　随机点转化为圆球

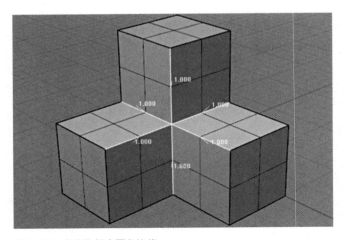

图6-107　立方体组合圆角边缘

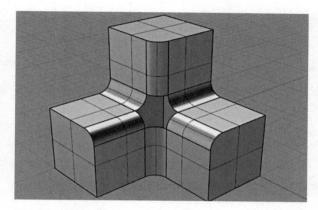

图6-108　圆角运算结果

可以通过其独特的算法生成曲面，我们选取VSR Shape插件中的Multi Blend命令后，依次选择六个边缘，选择精度为G1连续后，点击Apply确认，其余采用默认值后完成命令，便会将六边缺口修补完成（图6-109、图6-110）。

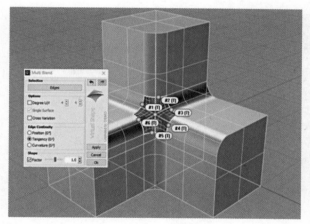

图6-109　VSR Shape插件补面

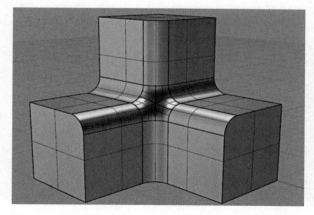

图6-110　最终完成形态

在我们进行一些复杂形体的建模时，经常会遇到图6-111所示的五边面的绘制问题。犀牛中常用的办法之一是通过单轨成型命令，利用下面的横向边缘作为路径，左右两侧边缘作为断面线，创建如图6-112所示的辅助曲面。

接下来我们作出两根辅助线，曲线混接命令生成二者连接线后将其在正视图投影至辅助曲面。之后用该投影线将曲面切开，删除投影线上方的曲面，该曲面剩余部分作为我们后续曲面创建的辅助（图6-113、图6-114）。

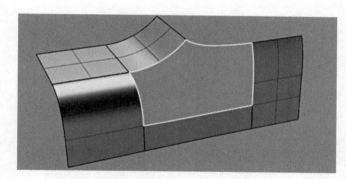

图6-111　五边面的补面绘制图

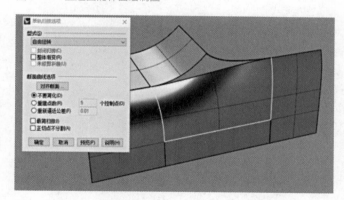

图6-112　单轨成型辅助曲面

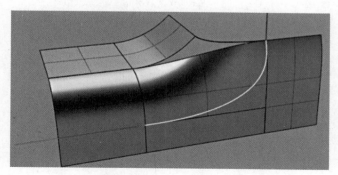

图6-113　混接生成辅助曲线

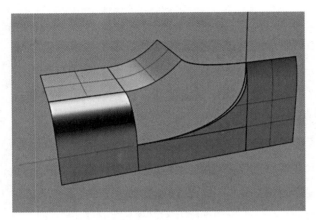

图6-114　投影线切开辅助曲面

别选取曲线，这里我们可以看到ABD三个边缘由于利用的是其他曲面边缘线，所以精度均可调节。由于C边缘采用直线生成，所以其默认为位置关系，即G1连续（图6-115、图6-116）。

而通过VSR Shape插件，遇到此类问题时可以通过其独特的算法生成曲面，我们选取VSR Shape插件中的Multi Blend命令后，依次选择五个边缘，选择精度为G1连续后，点击Apply确认，其余采用默认值后完成命令，便会将五面衔接完成（图6-117、图6-118）。

紧接着使用网线建立曲面成型命令，该命令可以对曲面的四条边缘进行精度控制，这里不采用双轨成型命令，因为其只能对两条路径线边缘进行精度控制。用网线建立曲面命令分UV两个方向分

6.6.4　Slicer for Fusion 360插件辅助建模

对于板式拼接类模型的建模，例如图6-119、图6-120中这款玉龙猪拼接玩具，传统的犀牛建模方式

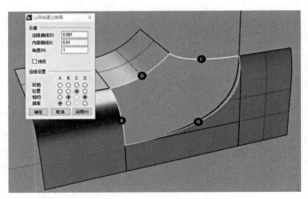

图6-115　网线建立曲面命令

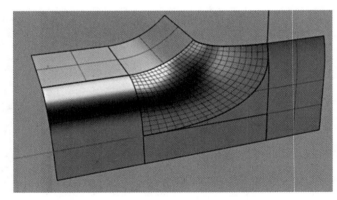

图6-116　曲面创建完成

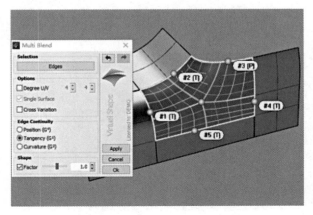

图6-117　VSR Shape插件补面

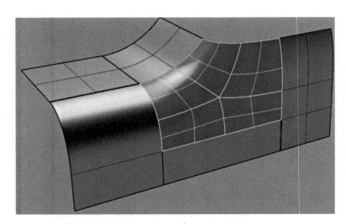

图6-118　最终完成形态

图6-119　玉龙猪拼接
玩具

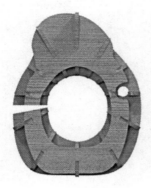

图6-120　玉龙猪拼接玩具
前视图

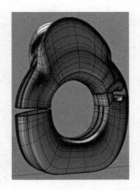

图6-121　玉龙猪犀牛模型

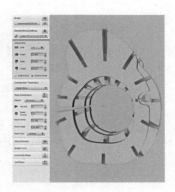

图6-122　导入Slicer for Fusion
360插件

需要先计算木板的分层数、连接块数以及每层的形状薄厚以及各层之间的距离等问题，这对结构把控能力较差的设计初学者来说存在很大的困难。

　　而借助Slicer for Fusion 360插件与犀牛软件进行协同建模的话就会方便很多，我们先在犀牛软件中通过T-Splines建模创建玉龙猪模型，然后将玉龙猪模型导入Slicer for Fusion 360插件中对其进行相关设置（图6-121、图6-122）。

　　我们在Object Size（模型尺寸）面板即可观察模型单位，以及模型的长宽高等相关参数。如右图所示在Construction Technique（制作工艺）选项中选择Radial Slice（径向切片），之后可设置1st Axis（板面层数）、Radial Count（径向数量）、Notch Factor（缺口系数）、Notch Angle（缺口角度）等参数（图6-123、图6-124）。

　　根据确定好的参数生成所需造型后，插件还会自动生成配件展开图，对各部分的拼接方式都进行详细注解，展开图可以通过PDF文件的形式导出，便于我们进行后期加工验证（图6-125、图6-126）。

　　同时我们可以将转化成的拼接模型以STL或OBJ的格式保存后输出导入犀牛文件进行渲染。或者将展开图PDF文件导入犀牛软件，利用曲线挤出命令转化为NURBS实体，在此基础上继续进行编辑（图6-127、图6-128）。

　　对于多边形拼接类模型的建模，图6-129、图6-130中这款多边形袋鼠笔筒，用传统的犀牛建模方式去实现建模，实施起来是非常困难的。通过在软件中创建多边形的方式手工进行堆积，几乎不可能完成。

　　同样，借助Slicer for Fusion 360插件与犀牛软件进行协同建模的话就会方便很多，我们先在犀牛软件中通过T-Splines建模创建笔筒模型，通过着色模式下调节，渲染模式下验证的形式直至模型最终成型

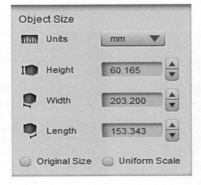

图6-123　Object Size（模型尺寸）
面板

图6-124　Construction Technique（制作
工艺）面板

图6-125　配件展开图

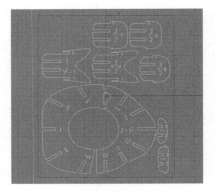

图6-126　PDF线框加工文件

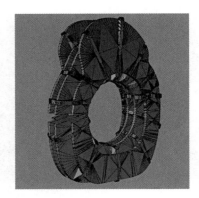

图6-127　STL格式模型

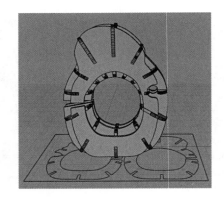

图6-128　NURBS实体模型

图6-129　多边形袋鼠
笔筒

图6-130　袋鼠笔筒犀牛模型

图6-131　袋鼠笔筒着色
模式1

图6-132　袋鼠笔筒着色模式2

（图6-131、图6-132）。

而后将袋鼠笔筒模型导入Slicer for Fusion 360插件中对其进行相关设置，我们在Object Size（模型尺寸）面板即可观察模型单位（图6-133），以及模型的长宽高等相关参数。如图6-134所示在Construction Technique（制作工艺）选项中选择Folded Panels（折叠面板），之

后可设置Vertex Count（顶点数）参数，Face Count（面数）项随顶点数改变，无法单独选择。

根据上一步设置Vertex Count（顶点数）参数，模型便会即时出现不同的面数变化，可以进行动态调整。确定好的参数生成所需造型后，我们可以将转化成的拼接模型以STL或OBJ的格式保存后输出并导入犀牛软件进行渲染及后续调整（图6-135、图6-136）。

图6-133　Object Size（模型尺寸）面板

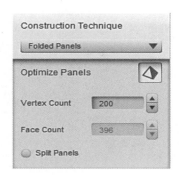

图6-134　Construction Technique（制作工艺）面板

图6-135　动态多边形模型调整

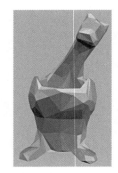

图6-136　最终确定多边形模型

［1］ （美）劳拉·斯莱克. 什么是产品设计［M］. 北京：中国青年出版社，2008.

［2］ （美）特里·马克斯，马修·波特. 好设计［M］. 济南：山东画报出版社，2011.

［3］ （韩）文灿. 与众不同的设计思考术 Thinking［M］. 北京：电子工业出版社，2012.

［4］ （英）盖伊·朱利耶. 设计的文化［M］. 南京：译林出版社，2015.

［5］ 哈罗德·尼尔森. 一切皆为设计——颠覆性设计思维与设计哲学［M］. 北京：中国工信出版集团，2018.

［6］ （美）里奇·戈尔德. 够了创意［M］. 北京：中国人民大学出版社，2009.

［7］ （日）原研哉. 设计中的设计（全本）［M］. 济南：山东人民出版社，2017.

［8］ Nathan Shedroff. 设计反思：可持续设计策略与实践［M］. 北京：清华大学出版社，2011.

［9］ 戴博曼. 做好设计：设计师可以改变世界［M］. 连冕，张鹏程，顾嘉唯，译. 北京：人民邮电出版社，2009.

［10］ 许继峰，孙岚，等. 中国高等院校工业设计教程——解读设计 工业设计课题与实践教程［M］. 南宁：广西美术出版社，2009.

［11］ 卢艺舟，华梅立. 工业设计方法［M］. 北京：高等教育出版社，2009.

［12］ 张凌浩. 产品的语意［M］. 北京：中国建筑工业出版社，2015.

［13］ （日）佐藤大. 佐藤大：超快速工作法［M］. 邓超，译. 北京：文化发展出版社，2018.

［14］ （日）深泽直人. 深泽直人［M］. 路意，译. 杭州：浙江人民出版社，2016.

［15］ （英）安妮·切克等. 可持续设计变革［M］. 长沙：湖南大学出版社，2012.

［16］ 李乐山. 设计调查［M］. 北京：中国建筑工业出版社，2007.

［17］ 唐纳德·诺曼. 设计心理学［M］. 北京：中信出版社，2010.

［18］ 刘伟. 走进交互设计［M］. 北京：中国建筑工业出版社，2013.

［19］ 李乐山. 工业设计思想基础［M］. 北京：中国建筑工业出版社，2001.

［20］ 蔡江宇，王金玲. 仿生设计研究［M］. 北京：中国建筑工业出版社，2013.

［21］ 叶郎. 中国美学史大纲［M］. 上海：上海人民出版社，2002.

［22］ （日）日经设计. 设计的细节［M］. 甘菁菁，译. 北京：人民邮电出版社，2016.

［23］ （日）佐藤大. 佐藤大的设计减法［M］. 武汉：华中科技大学出版社，2017.

［24］ 钱安明. 艺术设计思维方法研究［D］. 合肥：合肥工业大学，2007.

［25］ 吴聪. 艺术设计学科基础课程体系整合研究［D］. 金华：浙江师范大学，2006.

［26］ 余丹. 艺术设计学科基础课程潜在性内容研究［D］. 金华：浙江师范大学，2006.

［27］ 梁智龙. 设计基础课程与现代艺术的创造性思维［D］. 北京：首都师范大学，2005.

［28］ 谢婉蓉. 艺术设计教育中的创造性思维开发研究［D］. 天津：天津工业大学，2005.

［29］ 占炜. 工业设计方法论的科学观［D］. 武汉：武汉理工大学，2006.

［30］ 许砚梅. 浅论艺术设计教学模式与创新思维的培养［D］. 长沙：湖南师范大学，2006.

［31］ 唐朝晖. 艺术设计专业创造性思维课程教学改革研究与实践［D］. 长沙：湖南师范大学，2006.

［32］ 胡飞. 艺术设计符号的形式、意义及运用研究［D］. 武汉：武汉理工大学，2002.

［33］ 谢杰. 概念设计中的创新思维与表达［D］. 武汉：武汉理工大学，2004.

◇ 后 记

　　本书经历了前期近3年的准备以及半年多的编写和整理工作并终于完成，这其中凝聚了大量专业老师的辛劳和努力。

　　王亦敏老师自2007年开始担任天津理工大学研究生课程"产品设计分析"的主讲教师后，一直致力于对产品专业研究生的设计思维及设计分析能力的培养与研究。庞月老师自2013年起担任天津理工大学"设计符号与产品语意"课程的主讲老师，研究产品设计的造型语言与操作使用方式的关系及用户需求体验对产品设计分析方式；对设计思维的建立及专业人才培养方向逐渐有了更深层的认知，意识到专业人才培养的紧迫性和产学对接对专业技能的实践性要求。面对广大企业的人才需求，进行设计思维与设计能力的整合培养十分重要。所以在积累素材的过程中，我们也在逐步调整整本教材的编写理念和训练方式，以适应新时代下具有综合专业技能的跨学科人才培养方向。

　　在这个过程中，得到了许多前辈、同事及朋友的帮助和支持，虽然时间跨度较长，但本书的出版离不开每一个人所作的贡献和付出。在此由衷感谢天津财经大学的张帆老师、天津财经大学的刘元寅老师、天津天狮学院的姜虹伶老师、天津职业大学的李芮老师、天津理工大学的郭继鹏老师等人为本书提供的编写内容与编写意见。关于图片来源，第一章至第五章除标注外，其余图片均来源于网络；第六章除标注外，其余图片均为刘元寅作品图及建模截图。

　　希望本书可以为正在学习和想要进入产品设计专业学习的同学们提供更多的设计思维获取思路，真正成为学生手边的学习良伴。